series ⑧

電気・電子・情報系

電気回路

森　真作／著

共立出版株式会社

「series 電気・電子・情報系」刊行にあたって

　電気・電子・情報分野はとくに技術の進展が著しく，したがってその教育に対する社会の要望も切実である．一方，大学工学部の電気・電子系，情報系では，関連学科の新設や再編成など，将来の展望を考えながら新しい時代に対応した技術教育・研究の体制を構築している．また，一般教育科目の見直しやセメスター制の導入に伴い，カリキュラムも再編されている．

　このような状況を考慮して，本シリーズでは電気・電子・情報系の基礎科目から応用科目までバランスよく，また半期単位で履修できるテキストを編集した．シリーズ全体を，基礎／物性・デバイス／回路／通信／システム・情報／エネルギー・制御の6分野で構成し，各冊とも最新の技術レベルを配慮しながら，将来の専攻にかかわらず活用できるよう基本事項を中心とした内容を取り上げ，解説した．

　本シリーズが大学などの専門基礎課程のテキストとして，また一般技術者の参考書・自習書として役立つことができれば幸いである．

編集委員

岡山理科大学教授・工博　　田丸　啓吉

慶應義塾大学名誉教授・工博　　森　　真作

名城大学教授・工博　　小川　　明

序　文

　本書は電気回路の基礎的な事項でしかも重要な部分のみを取り上げやさしく解説したテキストである．したがって，電気系学科だけでなく，他学科の電気回路の教科書としても十分に活用できるであろう．

　数年前のことであるが，文部省の調査によると理系の専門基礎学科目の中で学生にとって最もわかりにくいのは電気回路であると新聞・テレビで報じられていた．この原因はどこにあるのであろうかと考えてみた．一般的にいえば，電気回路の基礎的な理論はきわめてよく整理されており，かなり理解しやすいように思える．極言すれば，キルヒホッフの法則とオームの法則さえよく理解しさえすれば電気回路の基本を理解するのはそれほど困難ではないはずである．

　筆者はかなり以前に外国とくに欧米の電気回路基礎の教科書について調べたことがあった．外国のテキストは直流回路，RLC回路の簡単な過渡現象の後に交流定常回路という順番になっているのに対し，わが国のもののほとんどが直流回路，交流定常回路の順番になっており，過渡現象は別にもうけているのが普通である．つまり，交流定常解析に比較して過渡現象の解析は難しいのだという観点に立っているように思えてならない．本当にそうなのであろうか．

　筆者も学生時代，交流定常解析，いわゆる $j\omega$ による回路計算を最初に習ったが，何のことかよくわからないうちに終わってしまった．また，かなり多くの学生がLCを含む直流回路でも $j\omega$ で計算しようとしていたように記憶している．$j\omega$ がわかったのは大学を卒業する頃であった．つまり筆者の言いたいことは，"$j\omega$ を先にやるから電気回路はわかりにくいのではないか" ということである．簡単な過渡現象の解析はキルヒホッフの電圧則，電流則，オームの法則，簡単な微分を理解しさえすれば，けっして難しいとは思えない．

　以上のことから本書は従来のわが国の大部分の教科書と異なり，順序を変えてみた．

序　文

　昨年，筆者の勤務している大学で，本書のような順序で講義をしてみた．この科目は講義の後に必ず演習を行い，その上講義以外の時間に 20〜25 名の小クラスに分け 12 名（筆者を含めて）の教員で演習を行った．試験の結果は，予想よりかなり良かったと思っている．演習の時間は場合によっては数時間にもおよんでいたようである．このように小クラスでの演習がとくに効果があったように思われる．演習を担当された 11 名の同僚から，演習の時の学生の反応，何が学生にわかりにくいのかなどについてきわめて適切な助言をいただいたことに対し，深謝の意を表する次第である．

　また，本書を出版するに当たって大変お世話になった共立出版（株）の瀬水勝良氏をはじめ各位に深謝するとともに，講義中の演習に協力された大学院生牧田，宮野両君ならびに学部 4 年生諸君に感謝する．

2000 年 4 月

森　真作

目　　次

1章　キルヒホッフの法則

1.1　キルヒホッフの電流則 …………………………………………………………… *1*
1.2　キルヒホッフの電圧則 …………………………………………………………… *4*
　　　演　習 ……………………………………………………………………………… *6*

2章　抵　　抗

2.1　抵抗の性質とオームの法則 ……………………………………………………… *7*
2.2　抵抗で消費する電力 ……………………………………………………………… *8*
2.3　抵抗の接続 ………………………………………………………………………… *9*
　　2.3.1　直列接続 …………………………………………………………………… *9*
　　2.3.2　並列接続 …………………………………………………………………… *10*
　　　演　習 ……………………………………………………………………………… *11*

3章　電　　源

3.1　電圧源 ……………………………………………………………………………… *15*
3.2　電流源 ……………………………………………………………………………… *16*
3.3　電源の変換 ………………………………………………………………………… *17*
3.4　電源の接続 ………………………………………………………………………… *19*
3.5　電源の最大供給電力 ……………………………………………………………… *21*
　　　演　習 ……………………………………………………………………………… *22*

4章　回路方程式

4.1　グラフの基本的概念 ……………………………………………………………… *25*
4.2　節点方程式 ………………………………………………………………………… *27*
4.3　網路方程式 ………………………………………………………………………… *29*
4.4　閉路方程式 ………………………………………………………………………… *31*
　　　演　習 ……………………………………………………………………………… *32*

5章　回路における諸定理

5.1　重ねの理 …………………………………………………………………………… *37*

5.2 テブナンの定理とノートンの定理 ……………………………………… 40
5.3 相反定理 ……………………………………………………………… 43
　　演習 ……………………………………………………………………… 46

6章　コンデンサとインダクタンス

6.1 コンデンサ …………………………………………………………… 49
　　6.1.1 コンデンサの性質 …………………………………………… 49
　　6.1.2 コンデンサに蓄えられるエネルギー ……………………… 53
　　6.1.3 コンデンサの接続 …………………………………………… 54
6.2 インダクタンス ……………………………………………………… 56
　　6.2.1 インダクタンスの性質 ……………………………………… 56
　　6.2.2 インダクタンスに蓄えられるエネルギー ………………… 58
　　6.2.3 インダクタンスの性質 ……………………………………… 59
　　演習 ……………………………………………………………………… 60

7章　基本回路の性質

7.1 1階微分方程式で表される回路（RC 回路と RL 回路） ………… 63
　　7.1.1 RC 回路の性質 ………………………………………………… 63
　　7.1.2 RL 回路の性質 ………………………………………………… 74
7.2 RLC 回路の性質 ……………………………………………………… 77
7.3 電源を含む RLC 回路 ………………………………………………… 88
　　演習 ……………………………………………………………………… 93

8章　正弦波定常状態の解析

8.1 フェーザ法 …………………………………………………………… 97
8.2 正弦波定常状態における電力 ……………………………………… 107
8.3 交流電圧・電流の実効値 …………………………………………… 111
8.4 ベクトル軌跡 ………………………………………………………… 115
8.5 共振回路 ……………………………………………………………… 117
　　演習 ……………………………………………………………………… 121

演習解答 …………………………………………………………………… 127
索　引 ……………………………………………………………………… 159

1

キルヒホッフの法則

この章は，電気回路を取り扱う場合に最も重要な役割を果たす法則であるキルヒホッフの法則について説明する．この法則は2つあり，回路の接続点に出入りする電圧の代数和と閉路を一巡するときの電圧の代数和に関するものである．

1.1 キルヒホッフの電流則

図1.1に示す回路において，$r_1, r_2, \cdots, r_6$の回路素子をすべて線分で表すと，図1.1は図1.2のように表され，これを回路のグラフ（graph）という．$r_1, r_2, \cdots, r_6$に対応する線分$b_1, b_2, \cdots, b_6$を枝（branch）と呼び，枝が接続されている点n_1, n_2, n_3, n_4を節点（node）という．ある節点，たとえばn_1から出発してn_2, n_4を経て，再び最初の節点n_1に戻るような道を閉路（loop）という．いま各枝に流れる電流を図1.2に示すように$i_{b1}, i_{b2}, \cdots, i_{b6}$とすると，次の法則が成立する．

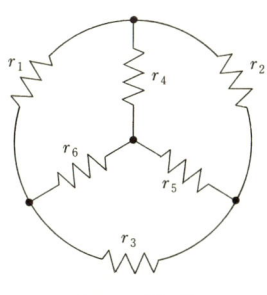

図1.1 回 路

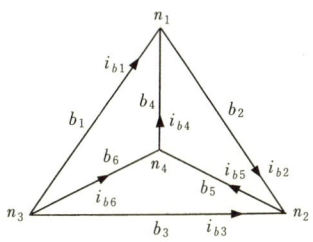

図1.2 回路のグラフ表現

> **キルヒホッフの電流則**
> 任意の節点から流出する電流の代数和はあらゆる瞬間において零である．

これを式で表すと

　　接点　n_1 に対し　$-i_{b1}+i_{b2}-i_{b4}=0$
　　　　　n_2 に対し　$-i_{b2}-i_{b3}+i_{b5}=0$
　　　　　n_3 に対し　$i_{b1}+i_{b3}+i_{b6}=0$
　　　　　n_4 に対し　$i_{b4}-i_{b5}-i_{b6}=0$

となる．ここで n_1, n_2, n_3 に関する式の和をとってみると

$$-i_{b4}+i_{b5}+i_{b6}=-(i_{b4}-i_{b5}-i_{b6})=0$$

となり，これは n_4 に対する式と同じになる．すなわち，n_4 に関する式は n_1, n_2, n_3 の式から導き出されることになるので，n_4 に関する式は不要である．n_1, n_2, n_3 に関する式を行列の形で書くと

$$\begin{array}{c} \\ n_1 \\ n_2 \\ n_3 \end{array} \begin{array}{cccccc} b_1 & b_2 & b_3 & b_4 & b_5 & b_6 \end{array} \\ \begin{bmatrix} -1 & 1 & 0 & -1 & 0 & 0 \\ 0 & -1 & -1 & 0 & 1 & 0 \\ 1 & 0 & 1 & 0 & 0 & 1 \end{bmatrix} \begin{bmatrix} i_{b1} \\ i_{b2} \\ i_{b3} \\ i_{b4} \\ i_{b5} \\ i_{b6} \end{bmatrix} = \boldsymbol{A} \cdot \boldsymbol{i}_b = 0$$

となる．$\boldsymbol{A}$ は接続行列（incidence matrix）と呼ばれる．これは枝の接続の状態を表す．以上は接点 n_4 に関する方程式を削除した場合であるが，n_1, n_2, n_3, n_4 のうち，どれか1つの方程式を削除してもよい．

　キルヒキホッフの法則は，ある接点に流入する電荷はその接点に蓄積されないことを示している．

　次に図 1.3 に示すように回路を2つに分割してみよう．回路を2つに分割するときに切られる枝の集まりをカットセット（cut set）と呼ぶ．分割の方法によりカットセットは異なってくるが，キルヒホッフの電流則の場合と同じように分割された部分のどちらにも電荷が蓄積されることはない．

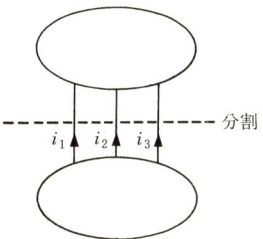

図 1.3 2つに分割された回路

> カットセットに含まれる各枝に流れる電流の総和はあらゆる瞬間において零である．

すなわち，図 1.3 より

$$i_1 + i_2 + i_3 = 0$$

となる．2分割する場合に一方が1つの節点になるようにするとキルヒホッフの電流則に対応することから，この法則はキルヒホッフの電流則を一般化したものといえる．

[**例題 1.1**] 図 1.4 に示すグラフにおいて節点 n_5 を基準点とした場合，節点 n_1, n_2, n_3, n_4 についての接続行列 $\boldsymbol{A}$ を求めよ．

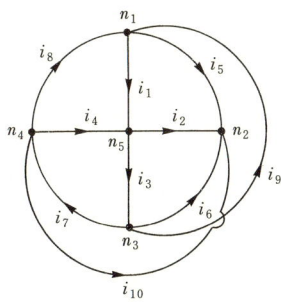

図 1.4 グ ラ フ

（**解**） 節点数が 4，枝数が 10 であるので $\boldsymbol{A}$ は 4 行 10 列の行列となる．その要素 a_{ij}

は i 番目の節点に j 番目の枝が接続されていて，電流が流出していれば 1，流入していれば -1，接続されていなければ零であるから，図より

$$A = \begin{array}{c} n \backslash l \\ 1 \\ 2 \\ 3 \\ 4 \end{array} \begin{bmatrix} 1 & 2 & 3 & 4 & 5 & 6 & 7 & 8 & 9 & 10 \\ 1 & 0 & 0 & 0 & 1 & 0 & 0 & -1 & -1 & 0 \\ 0 & -1 & 0 & 0 & -1 & -1 & 0 & 0 & 0 & -1 \\ 0 & 0 & -1 & 0 & 0 & 1 & 1 & 0 & 1 & 0 \\ 0 & 0 & 0 & 1 & 0 & 0 & -1 & 1 & 0 & 1 \end{bmatrix}$$

となる．

[**例題 1.2**]　図 1.4 のグラフを

① n_1, n_2 を含む部分と n_3, n_4, n_5 を含む 2 つの部分に分割したときのカットセット電流の式を求めよ．

② n_1, n_2, n_5 と n_3, n_4 を含む 2 つの部分に分割した場合のカットセット電流の式を求めよ．

(**解**)

① n_1, n_2 を含むように分割すると，i_8, i_1, i_2, i_6, i_{10}, i_9 に対応する枝が切られるから，n_1, n_2 の部分から外部に流出する電流を正にとると

$$-i_8 + i_1 - i_2 - i_6 - i_{10} - i_9 = 0$$

② 同様に i_8, i_4, i_3, i_6, i_{10}, i_9 に対応する枝が切られるから，n_1, n_2, n_5 を含む部分から流出する電流を正とすると

$$-i_8 - i_4 + i_3 - i_6 - i_{10} - i_9 = 0$$

となる．

1.2　キルヒホッフの電圧則

図 1.5 に示す回路の枝電圧を閉路 l_1, l_2, l_3, l_4 に沿って考えてみると

$$\begin{array}{ll} l_1 & -v_{b1} - v_{b4} - v_{b6} = 0 \\ l_2 & v_{b4} + v_{b2} - v_{b5} = 0 \\ l_3 & v_{b5} - v_{b3} + v_{b6} = 0 \\ l_4 & -v_{b1} + v_{b2} - v_{b3} = 0 \end{array}$$

となる．この場合にも l_1, l_2, l_3 に関する方程式の総和をとると l_4 の方程式と

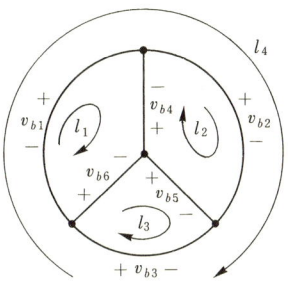

図 1.5　閉　路

なり，l_4 の方程式は不要となる．l_1, l_2, l_3 の方程式を行列の形で書くと

$$\begin{array}{c} \\ l_1 \\ l_2 \\ l_3 \end{array} \begin{array}{cccccc} b_1 & b_2 & b_3 & b_4 & b_5 & b_6 \end{array} \\ \left[\begin{array}{cccccc} -1 & 0 & 0 & -1 & 0 & -1 \\ 0 & 1 & 0 & 1 & -1 & 0 \\ 0 & 0 & -1 & 0 & 1 & 1 \end{array}\right] \left[\begin{array}{c} v_{b1} \\ v_{b2} \\ v_{b3} \\ v_{b4} \\ v_{b5} \\ v_{b6} \end{array}\right] = \boldsymbol{B} \cdot \boldsymbol{v}_b = 0$$

となる．$\boldsymbol{B}$ を閉路行列（loop matrix）という．

―――キルヒホッフの電圧則―――
任意の閉路について，その向きを考えた場合，閉路に沿って一巡するときに，各枝の電圧の代数和はあらゆる瞬間において零である．

[例題 1.3]　図 1.6 に示すグラフの閉路行列 $\boldsymbol{B}$ を求めよ．

（解）　閉路数が 4，枝数が 9 であるから $\boldsymbol{B}$ は 4 行 9 列の行列となる．l_1 に沿って考えると

$$v_{b1} + v_{b8} + v_{b4} + v_{b7} = 0$$

となり l_2, l_3, l_4 についても同様に考えると，$\boldsymbol{B}$ は

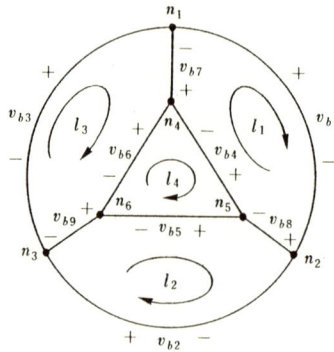

図 1.6

$$B = \begin{array}{c} {} \\ 1 \\ 2 \\ 3 \\ 4 \end{array} \begin{array}{c} l \quad b1 \quad 2 \quad 3 \quad 4 \quad 5 \quad 6 \quad 7 \quad 8 \quad 9 \\ \left[\begin{array}{ccccccccc} 1 & 0 & 0 & 1 & 0 & 0 & 1 & 1 & 0 \\ 0 & -1 & 0 & 0 & -1 & 0 & 0 & -1 & -1 \\ 0 & 0 & -1 & 0 & 0 & 1 & -1 & 0 & 1 \\ 0 & 0 & 0 & -1 & 1 & -1 & 0 & 0 & 0 \end{array}\right] \end{array}$$

となる.

演 習

1.1 図 1.4 に示すグラフにおいて,節点 n_2, n_3, n_4, n_5 についての接続行列 A を求めよ.

1.2 図 1.6 に示すグラフにおいて,閉路をすべて時計回りとした場合,閉路を次のようにとった場合の閉路行列を求めよ.

l_1: $n_1 \to n_2 \to n_5 \to n_6 \to n_4 \to n_1$

l_2: $n_2 \to n_3 \to n_6 \to n_5 \to n_2$

l_3: $n_3 \to n_1 \to n_2 \to n_5 \to n_4 \to n_6 \to n_3$

l_4: $n_4 \to n_5 \to n_6 \to n_4$

2 抵　　抗

この章は回路素子の1つである抵抗の性質とその逆数であるコンダクタンスについて述べたもので，直列，並列接続をした場合の抵抗値の求め方，種々の波形の電流を流した場合，抵抗で消費する電力について説明する．

2.1　抵抗の性質とオームの法則

図2.1に示す線状の導体の両端ab間に電圧v［ボルト，V］を加えた場合に電流i［アンペア，A］が流れたとすると，iはvの関数となる．そのとき，vとiの関係は導体が金属線の場合には図2.2に示されるように比例しrは定数となる．すなわち

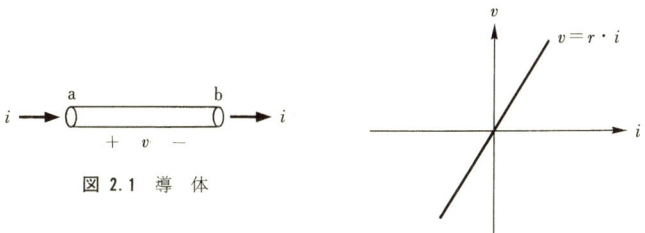

図 2.1　導 体

図 2.2　抵抗のv-i特性

$$v = r \cdot i, \quad i = \frac{v}{r} = g \cdot v \quad (r > 0)$$

で表される．この比例定数rを抵抗（resistance）と呼び，単位は［V/A］，オーム（ohm）である．rの逆数 $1/r = g$ をコンダクタンス（conductance）と

呼び単位は，ジーメンス（siemens）[S] を用いる．また，何らかの方法でこの導体に電流 i を流した場合にも，同じ関係が成り立ち $v=ri$ または $i=gv$ となる．したがって，電流 i を流すことによって a 点と b 点の間に電位差が生じ，b 点の電位が a 点よりも v だけ低くなる．このとき生ずる電位差を電圧降下という．オーム（Ohm）は，ボルタの電池を用いて実験を行ったが，実験の途中で電池の電極に気泡が生じ，電池の特性が変化したため実験は失敗した．しかし，電源として熱電対を用いて実験を行い，苦心の末 $v=ri$ の関係を見出した．この関係をオームの法則という．しかしながら，電球などのように電流が流れることによりフィラメントが高温になる場合や，半導体などの場合には，$v=ri$ の関係は成立しない．

2.2 抵抗で消費する電力

抵抗に電流が流れると電力を消費するが，電圧，電流が時間的に変化する場合も考え，電圧を $v(t)$，電流を $i(t)$ とすると，消費する瞬時電力 $p(t)$ は，抵抗を r とすると

$$p(t)=v(t)\cdot i(t)=r\cdot i^2(t)=\frac{v^2(t)}{r}=gv^2(t)$$

となる．ここで，$v(t)$ として，$V\sin\omega t$ を加えた場合，瞬時電力 $p(t)$ は

$$p(t)=\frac{v^2(t)}{r}=gV^2\sin^2\omega t=\frac{gV^2(1-\cos 2\omega t)}{2}$$

となり，$p(t)$ の平均値である平均電力 P_a は図 2.3 に示すように $gV^2/2$ より上の部分と下の部分の面積が相殺するので，上式の定数部分が平均電力 P_a を表

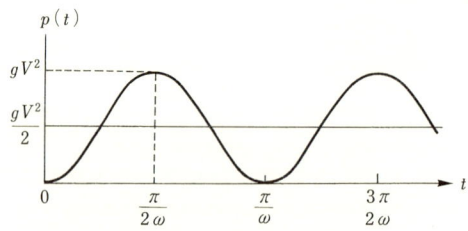

図 2.3　電圧電流が正弦波の場合の瞬時電力 $p(t)$

し

$$P_a = \frac{gV^2}{2} = \frac{V^2}{2r}$$

となる．

[**例題 2.1**] 図 2.4 に示すような方形波の電流を抵抗 r に流した場合，r で消費する平均電力 P_a を求めよ．

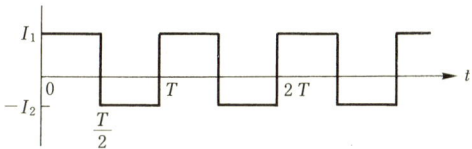

図 2.4 方形波電流

（**解**）　$ri^2(t)$ は図 2.5 で示され，平均電力 P_a は図 2.5 に示される $r \cdot i^2(t)$ の平均値であるから

$$P_a = \frac{1}{T}\left[\frac{T}{2}rI_1^2 + \frac{T}{2}rI_2^2\right] = \frac{r}{2}(I_1^2 + I_2^2)$$

となる．

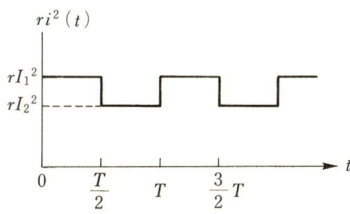

図 2.5 方形波電流の電力

2.3 抵抗の接続

2.3.1 直列接続

図 2.6 に示すような接続を直列接続という．この場合 r_1 と r_2 による全抵抗

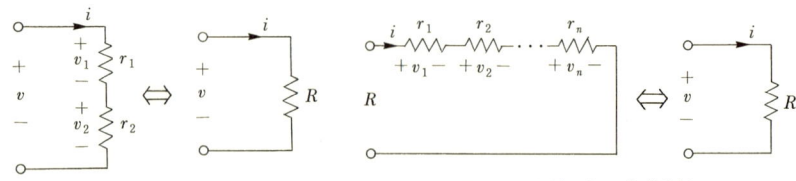

図 2.6　2つの抵抗の直列接続　　　　図 2.7　抵抗 n 個の直列接続

R を求めてみる．$v_1 = r_1 i$, $v_2 = r_2 i$ であるから

$$v = v_1 + v_2 = r_1 i + r_2 i = (r_1 + r_2) i$$

$R = v/i$ であるから

$$R = \frac{(r_1 + r_2) i}{i} = r_1 + r_2$$

これより図 2.7 に示すように抵抗 r_1, r_2, r_3, …, r_n を全部直列に接続したときの全抵抗 R は $R = r_1 + r_2 + \cdots + r_n$ となる．

2.3.2　並 列 接 続

図 2.8 に示すような接続を並列接続という．この場合 r_1, r_2 の並列接続による全抵抗 R を求めてみよう．

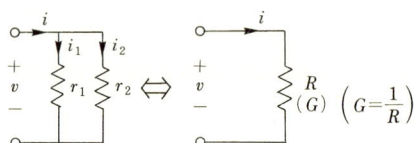

図 2.8　2つの抵抗の並列接続

$$i_1 = \frac{v}{r_1}, \quad i_2 = \frac{v}{r_2}$$

$$i = i_1 + i_2 = \frac{v}{r_1} + \frac{v}{r_2} = \left(\frac{1}{r_1} + \frac{1}{r_2} \right) v$$

これより

$$\frac{i}{v} = \frac{1}{R} = \frac{1}{r_1} + \frac{1}{r_2} \quad \Rightarrow \quad G = g_1 + g_2$$

次に n 個の抵抗を並列接続した場合には

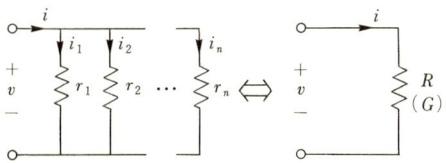

図 2.9　抵抗 n 個の並列接続

$$\frac{1}{R} = \frac{1}{r_1} + \frac{1}{r_2} + \cdots + \frac{1}{r_n}$$

$$\frac{1}{r_1} = g_1, \quad \frac{1}{r_2} = g_2, \quad \cdots, \quad \frac{1}{R} = G$$

とすると

$$G = g_1 + g_2 + \cdots + g_n$$

演　習

2.1　図 2.10 に示す抵抗回路の 1-1′ からみた抵抗 R を求めよ．次に $r_1 \sim r_6$ がすべて r であるときの R を求めよ．

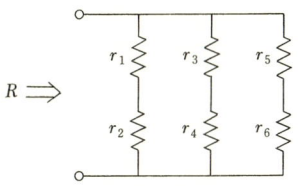

図 2.10　直列並列回路

2.2　図 2.11 に示す抵抗回路の 1-1′ からみた抵抗 R を求めよ．次に $r_1 \sim r_4$ がすべて r であるときの R を求めよ．

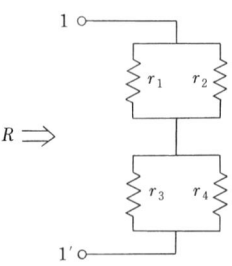

図 2.11　並列直列回路

2.3 図 2.12 に示される電圧源を抵抗 r に接続したとき，r で消費する平均電力 P_a を求めよ．

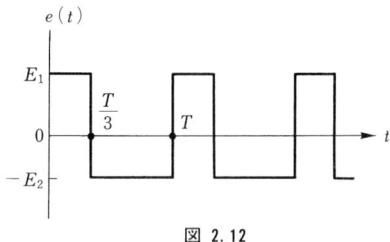

図 2.12

2.4 図 2.13 に示す電流を 2Ω の抵抗に流したとき，この抵抗で消費する平均電力 P_a を求めよ．

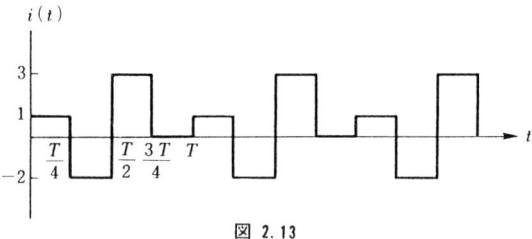

図 2.13

2.5 図 2.14 に示す電流 $i(t)$ を $r[\Omega]$ の抵抗に流したとき，この抵抗で消費する平均電力 P_a を求めよ．

演　習

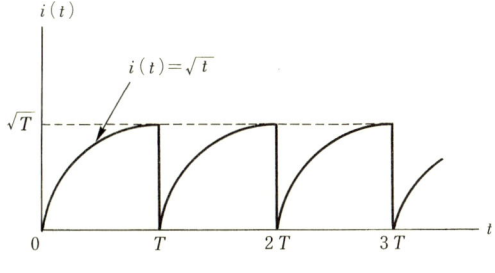

図 2.14

3

電　源

電源として理想的な電圧源および電流源について説明し，理想的でない電圧源，電流源は互いに変換が可能であることを示し，電源の接続法や電源から取り出しうる最大電力について説明する．

3.1　電圧源

電源として最初に考えられるのは電池であろう．電池に抵抗を接続し，抵抗値を減少させると抵抗に流れる電流は増大していくが，それとともに電池の出力端電圧は減少していく．電池自体をこのような性質をもつものとして表すと，取り扱いが複雑となる．そこで電池を，流れ出す電流とは無関係に電圧が一定の理想的な電源と，これに直列に接続された抵抗（電源の内部抵抗）でもって構成されたものとして表す．このような，流れ出る電流に無関係に一定の電圧を供給するような電源を電圧源という．

電圧源には図3.1に示すような記号を用いる．図（a）は出力電圧が時間的に変化しない直流電圧源を示し，図（b）は出力電圧が時間的に変化する電圧

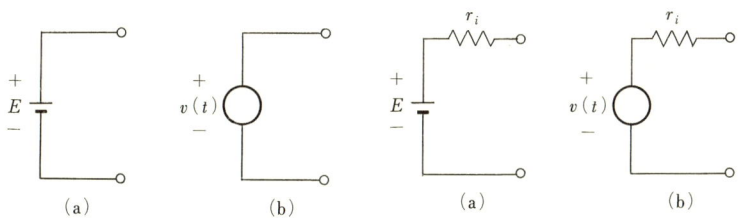

図 3.1　電圧源　　　　図 3.2　内部抵抗 r_i を含む電圧源

源を示す．図 3.2（a），（b）は内部抵抗を直列に接続した電圧源を示す．電圧源の場合，電源電圧を零にするということは，電源を取り除き，短絡することに相当する．

3.2 電流源

電気回路（とくに電子回路）を取り扱う場合には，先に説明した電圧源だけでなく，出力電流が一定の電源を考えたほうが便利なことが多い．このような電源を電流源といい，図 3.3 の記号で表す．矢印は電流の向きを表す．

電流源はわれわれの身近には存在しないので考えにくいが，電流源にどのような抵抗を接続してもつねに規定された電流が流れることになる．ここで電流源とは実際にどのようなものであるか考えてみよう．図 3.4 に示す回路で，仮に $E=10^6$ [V]，$r_i=10^7$ [Ω] としてみると

$$i = \frac{10^6}{10^7 + R}$$

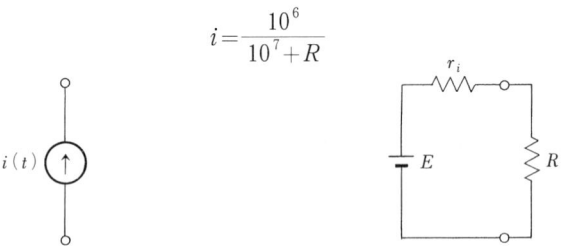

図 3.3　電流源の記号　　　　図 3.4　電流源の考え方

となるが，もし R の値が 0〜100 程度であるならば，i は R に無関係にほとんど 0.1 [A] である．すなわち，電流源とは外部に接続される抵抗 R と比較してきわめて大きな内部抵抗 r_i をもつ電圧源とも考えることができる．電流源についてもう少し正確に表すと，図 3.5 に示すように内部抵抗が r_i，電圧が $r_i \cdot i$

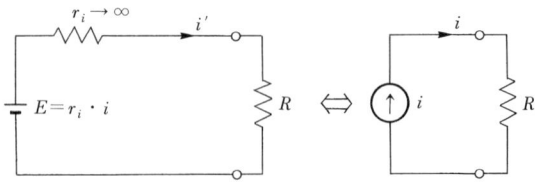

図 3.5　電流源

の電圧源に R を直列に接続したとき，流れる電流 i' は

$$i' = \frac{r_i i}{r_i + R}$$

であるから，r_i を無限大にすると $i'=i$ となり，流れる電流 i' は R に無関係に i となるので，これより電流源の内部抵抗は無限大と考えることができる．

したがって，電流源の大きさを零にすることは電流源を取り除いて，開放することすなわち抵抗値が無限大の抵抗となることを意味している．理想的な電流源の内部抵抗は無限大となることはわかったが，理想的でない電流源とはどのようなものであるか考えてみよう．

電圧源と同じように電流源に直列に内部抵抗 r_i を接続することは，電流源の内部抵抗は無限大であることから無意味である．したがって図 3.6 に示すように理想電流源と並列に内部抵抗 r_i を接続したもので理想的でない電流源を表すことにする．

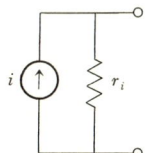

図 3.6 理想的でない電流源

3.3 電源の変換

これまでに，電源には電圧源と電流源の 2 種類が考えられることを述べたが，この両者の間にはどのような関係があるのか調べてみよう．

図 3.7 に示すように直列内部抵抗 r_e と電圧源 e からなる電源回路と，並列抵抗 r_i と電流源 i_s とからなる回路に抵抗 R を接続し，R に流れる電流 i_e と i_i を求めると

$$i_e = \frac{1}{R+r_e} e, \quad i_i = \frac{r_i}{r_i + R} i_s$$

となる．ここでもし，$r_i = r_e$, $r_i \cdot i_s = e$ の関係があれば

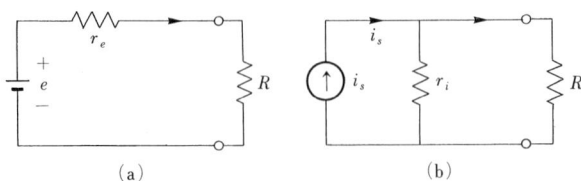

図 3.7 電圧源と電流源

$$i_e = \frac{1}{R+r_i}, \quad i_i = \frac{e}{R+r_i}$$

となり，i_e と i_i は R の値とは無関係に等しくなる．すなわち，この両電源回路は同じ役割をもっていることがわかる．このことは R の代わりにどのような複雑な抵抗回路を接続しても全抵抗が R であると考えればよいことを意味している．このことより，直列内部抵抗を含む電圧源は，外部の回路がどのような回路であっても並列内部抵抗を含む電流源に変換できることを示している．

[**例題 3.1**] 図 3.8 に示す電圧源を含む回路を電流源を含む回路に変換せよ．

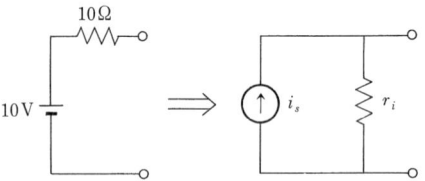

図 3.8 電圧源と電流源

(**解**) すでに説明したように $r_i = 10[\Omega]$, $i_s = \dfrac{e}{r_i} = 1[A]$ となる．

以上のことより内部抵抗を含む電源回路は電圧源と電流源のどちらでも表すことができることがわかる．もし電源回路が電圧源で表されたとすると，図 3.9（a）に示されるように，開放電圧が e であり，図 3.9（b）で示されるように，短絡電流 i より r_i が求まることになる．しかし実際の電池類は r_i がきわめて小さいので，短絡したら大きな電流が流れるため，電池が破壊してしまう

3.4 電源の接続

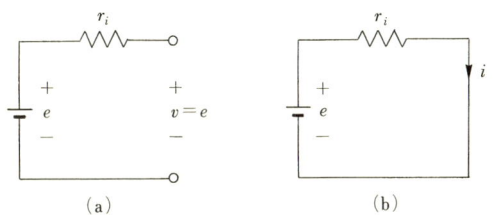

図 3.9 電圧源と電流源

ので避けなければならない.このことはあくまでも理論上の話である.

同様に電流源の場合には図 3.10(a)に示すように短絡電流が i_s であるから,開放電圧 v より r_i が求まる.

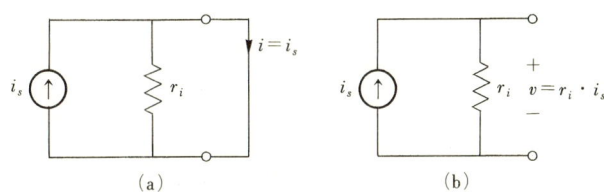

図 3.10 電圧源と電流源

3.4 電源の接続

電圧源や電流源を直列や並列接続した場合について考える.

図 3.11(a)に示すように 2 つの電圧源を直列に接続した場合は出力電圧 e は e_1+e_2 となる.

図(b)に示すように電圧源を並列に接続した場合には,電圧源の定義より

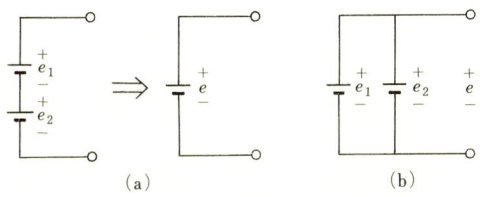

図 3.11 電圧源の接続

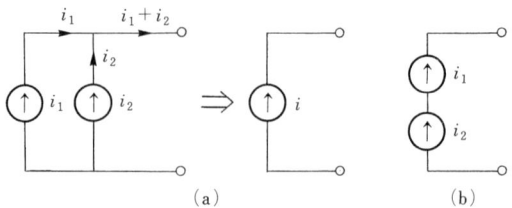

図 3.12 電流源の接続

$e_1=e_2$ のときのみ意味がある.$e_1 \neq e_2$ のときには電圧の大きい電源から小さい方の電源に無限大の電流が流れることになり,不都合が起こる.

図 3.12(a)に示すように 2 つの電流源を並列に接続した場合には,$i=i_1+i_2$ の電流源に置き換えられる.

図(b)に示すように 2 つの電流源を直列接続した場合には $i_1=i_2$ のときのみ意味があり,$i_1 \neq i_2$ のときには定義より不都合が生じる.

[例題 3.2] 図 3.13(a)に示す電源回路を図(b)に示す電源回路に変換せよ.

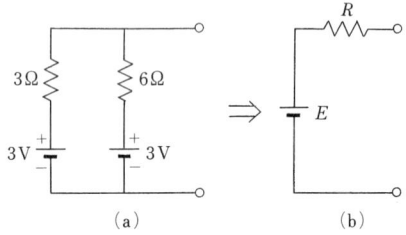

図 3.13 電源回路

(解) 図 3.14 に示すようにまず 2 つの電圧源を 2 つの電流源に変換した後,並列結

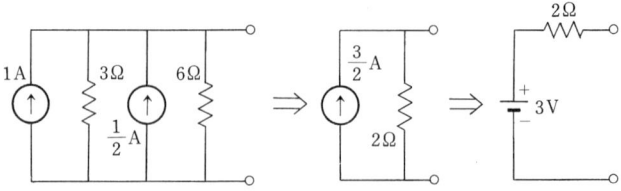

図 3.14 電源の変換

合して1つの電流源に変換し、さらに電圧源に変換すればよい．

3.5 電源の最大供給電力

図3.15に示すように，内部抵抗 r_i の電圧源に負荷抵抗 R を接続したときに，R で消費する電力 P を求めてみよう．R に流れる電流 i は

$$i = \frac{e}{r_i + R}$$

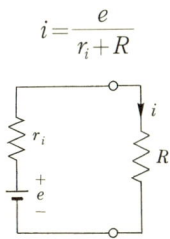

図 3.15 負荷抵抗 R を接続した回路

R で消費する電力 P は

$$P = Ri^2 = \frac{Re^2}{(r_i + R)^2}$$

で表される．ここで R がどのような値のとき P が最大になるのか調べてみよう．P が最大になるためにはその逆数 $1/P$ が最小になればよい．すなわち

$$\frac{1}{P} = \frac{(r_i + R)^2}{Re^2} = \frac{1}{e^2}\left(\frac{r_i^2 + R^2 + 2r_iR}{R}\right) = \frac{1}{e^2}\left(\frac{(r_i^2 + R^2 - 2r_iR) + 4r_iR}{R}\right)$$

$$= \frac{1}{e^2}\left(\frac{(r_i - R)^2}{R} + 4r_i\right)$$

したがって $1/P$ が最小になるのは $R = r_i$ のときであり，そのときの P は

$$P = \frac{e^2}{4r_i}$$

となる．このように，内部抵抗と負荷抵抗の値が等しいときに負荷抵抗に最大の電力が供給されることになる．

[例題 3.3] 図3.16に示すように内部抵抗 r_i の電流源に負荷抵抗 R を接続したとき，R で消費する電力が最大になるための条件と，そのときの消費する電力を求めよ．

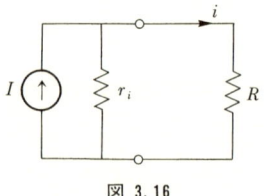

図 3.16

（解） R に流れる電流 i は

$$i = \frac{r_i \cdot I}{r_i + R}$$

となり，R で消費する電力 P は

$$P = Ri^2 = R \cdot \frac{r_i^2 I^2}{(r_i + R)^2}$$

$$\frac{1}{P} = \frac{(r_i + R)^2}{R r_i^2 I^2} = \frac{1}{r_i^2 I^2} \cdot \frac{r_i^2 + 2r_i R + R^2}{R}$$

$$= \frac{1}{r_i^2 I^2} \cdot \frac{r_i^2 - 2r_i R + R^2 + 4r_i R}{R} = \frac{1}{r_i^2 I^2} \left\{ \frac{(r_i - R)^2}{R} + 4r_i \right\}$$

$1/P$ が最小になるのは $R = r_i$ のときで，そのときの P は $P = r_i I^2 / 4$ となる．

演 習

3.1 図 3.17 に示す電源回路を1つの電圧源を含む回路および 1 つの電流源を含む回路に変換せよ．

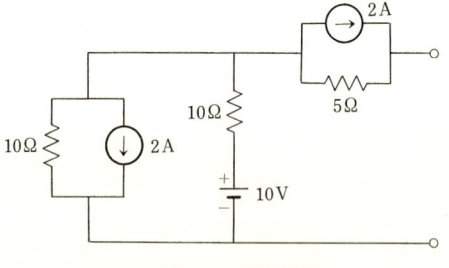

図 3.17 電源回路

3.2 図 3.18 に示す電源回路に負荷抵抗 R を接続したとき，R で消費する電力が最大となるための R の値とそのとき R で消費する電力を求めよ．

(ヒント：1つの電圧源あるいは1つの電流源を含む回路に変換して考えよ）

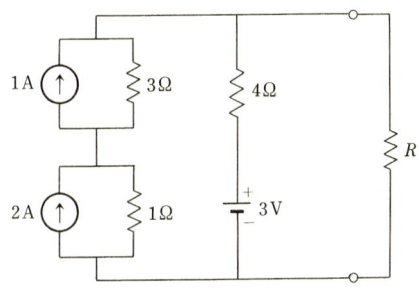

図 3.18 電源回路

3.3 図 3.19 (a) に示される回路を図 (b)，(c) の回路に変換せよ．

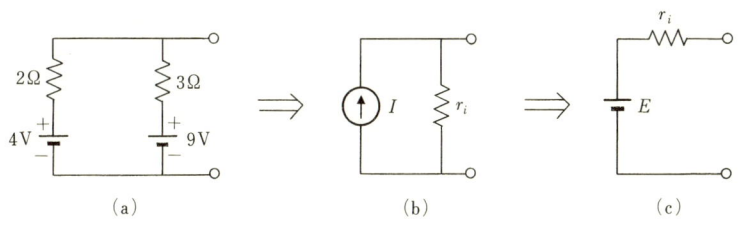

図 3.19

3.4 図 3.20 (a) に示される回路を図 (b)，図 (c) の回路に変換せよ．

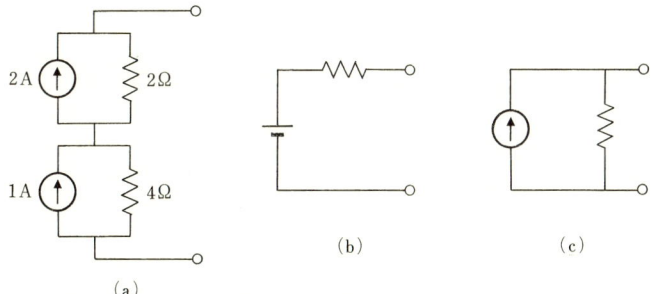

図 3.20

3.5 図 3.21 に示す回路の 1-1′ 間に抵抗 R を接続したとき，R で消費する電力が最大となるための R の値と，そのとき R で消費する電力 P_m を求めよ．

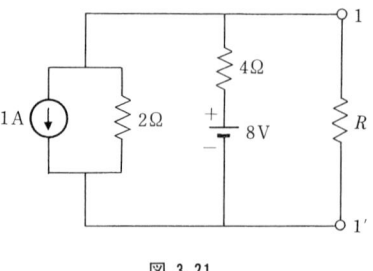

図 3.21

3.6 図 3.22 に示す回路において，R で消費する電力が最大になるときの R とそのときの電力を求めよ．

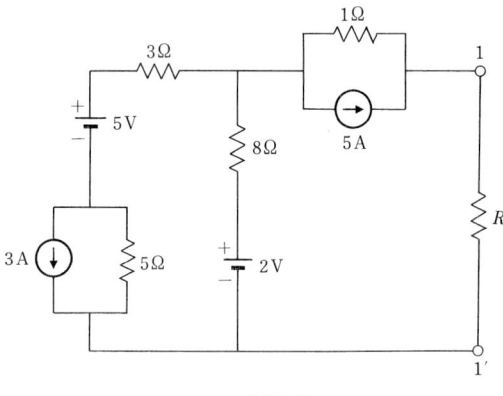

図 3.22

4

回路方程式

電気回路を解析する場合の変数のとり方,変数の数および方程式の立て方などについて説明し,方程式を行列で表す場合の行列の形式的なつくり方などについて説明する.

4.1 グラフの基本的概念

1章では節点に関するキルヒホッフの電流則,閉路に関する電圧則について学んだが,回路が複雑になると,もう少し統一的な考え方が必要となる.そこでグラフに関する基本的な概念について調べてみよう.いま,回路のグラフは n 個の節点と b 本の枝からできているものとし,最初に用語について説明する.

- **木**：すべての節点を含み,かつ閉路のないように枝で結ばれた部分的なグラフを元のグラフの木（tree）という.したがって1つのグラフに対して多数の木を選ぶことができる.例として図4.1（a）のグラフについて考えると,図4.1（b）に示される木などができる.木を構成している枝（木枝）の数について考えてみよう.ある節点から出発して枝を付け加えるごとに節点が1個ずつ増えるが,同じ節点を2度通ることはないので,木を構成している枝（木枝）の数は $n-1$ 個となる.
- **補木**：元のグラフから木枝を取り除いた残りの枝を補木（co-tree）またはリンク（link）という.以上のことより,補木枝の数は $b-(n-1)=b-n+1$ 個となる.

木の定義からみて,すべての補木枝の電圧は木枝の電圧の組合せで表すこと

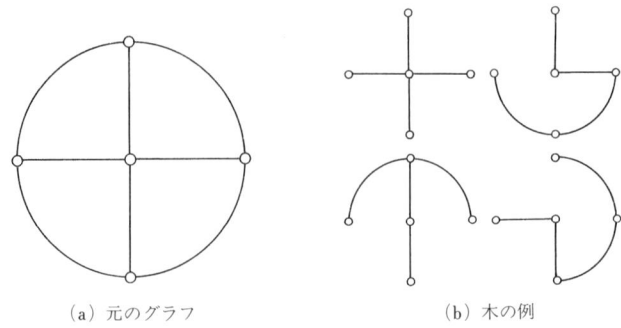

(a) 元のグラフ　　　　(b) 木の例

図 4.1　木 の 例

ができ，また木に補木枝を1本付け加えるごとに閉路が1つできることから，補木枝電流がわかると木枝電流は補木枝電流の組合せで表すことができる．

以上のことから，すべての木枝電圧がわかればすべての枝の電圧がわかるので，回路の状態はこれらの木枝電圧で表現でき，また同様にすべての補木枝電流がわかれば，すべての枝の電流がわかることになる．すなわち木枝電圧あるいは補木枝電流がわかれば回路の状態はすべてわかることになる．

回路解析に当たっては，木枝電圧あるいは補木枝電流を変数とすればよいことがわかる．このことは，枝電圧を変数とする場合には $n-1$ 個の変数，閉路電流を変数とする場合には $b-n+1$ 個の変数が必要であることは明らかであろう．

[**例題 4.1**]　図 4.1 (a) に示すグラフにおいて，木枝電圧を変数とした場合の変数の数と補木枝電流を変数とした場合の変数の数を求めよ．

(**解**)　図 4.1 (a) のグラフは節点数 n は 5，枝数 b は 8 であるから独立な

　　　木枝電圧の数　　$=n-1=4$
　　　補木枝電流の数$=b-n+1=4$

[**例題 4.2**]　例題 1.1（図 1.4）に示すグラフにおいて，木枝電圧あるいは補木枝電流を変数とした場合の変数の数を求めよ．

(**解**) 節点数 $n=5$, 枝数 $b=10$ であるから, 独立な

　　　　木枝電圧の場合　　$n-1=4$

　　　　補木枝電流の場合　$b-n+1=6$

となり, 同じグラフでも変数の選び方によりその数が異なってくる.

4.2　節点方程式

図 4.2 に示す回路を例にとって節点方程式の説明をする. この場合, 電圧源はすべて電流源に変換されているものとする.

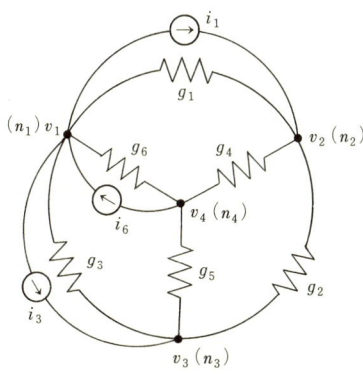

図 4.2　回路の例

接点 n_1, n_2, n_3, n_4 に関してキルヒホッフの電流則を適用する. 1 章ですでに説明したように 4 個の節点のうち 3 個に電流則を適用して方程式を作れば残りの 1 つの式はそれらの和をとることにより導出されるので, 3 個の節点についてのみ方程式をつくればよい.

いま節点 n_1, n_2, n_3, n_4 の電位を v_1, v_2, v_3, v_4 とすると, 何か基準 (0[V]) の点を設け, この点との電位差を節点電圧とすべきであろう. 基準点としては回路上のどの点をとってもよいが, 節点を基準点に選んでもよい. そこで, 節点 n_4 を基準に選ぶと $v_4=0$ となる. したがって節点 n_1, n_2, n_3 に対してキルヒホッフの電流則を適用すればよい. 最初に n_1 に対して電流則を適用してみる. g_1 を通じて n_1 から n_2 に流出する電流は $g_1(v_1-v_2)$, g_3 を通じて n_1 から n_3 に

流出する電流は $g_3(v_1-v_3)$，また g_6 を通じて n_1 から n_4 に流れる電流は $g_6(v_1-0)$ なるので，n_1 についての電流則として

$$n_1 : g_1(v_1-v_2)+g_3(v_1-v_3)+g_6 v_1+i_1-i_6+i_3=0$$

同様にして，n_2, n_3 に対する電流則として

$$n_2 : g_1(v_2-v_1)+g_2(v_2-v_3)+g_4 v_2-i_1=0$$

$$n_3 : g_2(v_3-v_2)+g_3(v_3-v_1)+g_5 v_3-i_3=0$$

が得られる．これらの3式の電流源の項を右辺に移項して整理すると

$$(g_1+g_3+g_6)v_1-g_1 v_2-g_3 v_3=-i_1-i_3+i_6$$
$$-g_1 v_1+(g_1+g_2+g_4)v_2-g_2 v_3=i_1$$
$$-g_3 v_1-g_2 v_2+(g_2+g_3+g_5)v_3=i_3$$

これを行列の形で書くと

$$\begin{bmatrix} g_1+g_3+g_6 & -g_1 & -g_3 \\ -g_1 & g_1+g_2+g_4 & -g_2 \\ -g_3 & -g_2 & g_2+g_3+g_5 \end{bmatrix} \begin{bmatrix} v_1 \\ v_2 \\ v_3 \end{bmatrix} = \begin{bmatrix} -i_1-i_3+i_6 \\ i_1 \\ i_3 \end{bmatrix}$$

となり，左辺の係数行列は対称行列となっていることがわかり，1行1列の要素は n_1 に接続されているコンダクタンス g_1, g_3, g_6 の総和，2行2列の要素は n_2 に接続されているコンダクタンス g_1, g_2, g_4 の総和，3行3列の要素は n_3 に接続されているコンダクタンス g_2, g_3, g_5 の総和であることがわかる．また1行2列および2行1列の要素は節点 n_1 と n_2 の間に接続されているコンダクタンス g_1 に負記号をつけたものであり，同様に1行3列および3行1列の要素は n_1 と n_3 の間に接続されているコンダクタンス g_3 に負記号をつけたものである．また右辺は節点 n_1, n_2, n_3 に流入する電流源の総和になっていることがわかる．

以上のことから n 個の節点をもつ回路の節点方程式を行列の形で求める手順を図4.3の回路の例で示す．n_1 と n_3 および n_2 と n_4 の間にはコンダクタンスは接続されていないので1行3列，3行1列，2行4列，4行2列の各要素は0となり行列方程式は次のようになる．

$$\begin{bmatrix} g_1+g_4+g_5 & -g_1 & 0 & -g_4 \\ -g_1 & g_1+g_2+g_6 & -g_2 & 0 \\ 0 & -g_2 & g_2+g_3+g_7 & -g_3 \\ -g_4 & 0 & -g_3 & g_3+g_4+g_8 \end{bmatrix} \begin{bmatrix} v_1 \\ v_2 \\ v_3 \\ v_4 \end{bmatrix} = \begin{bmatrix} i_4 \\ 0 \\ i_7 \\ -i_4 \end{bmatrix}$$

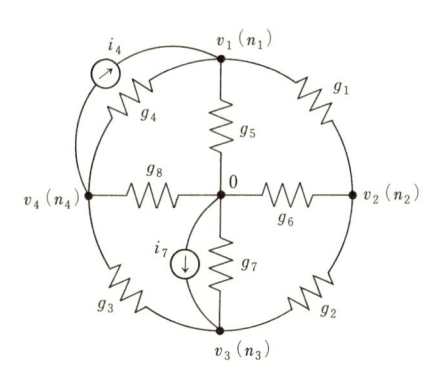

図 4.3　5個の節点をもつ回路

4.3　網路方程式

　網路とは，図4.4に示すように閉路でその中に他の閉路を含まないような閉路，すなわち最小の閉路をいう．回路グラフが平面上においてすべての枝が節点以外では交わることなく描けるならば，すなわち平面回路であるならば，網

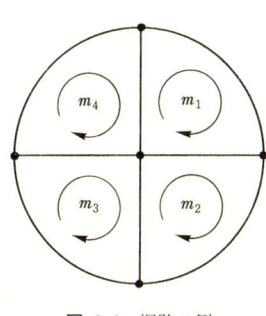

図 4.4　網路の例

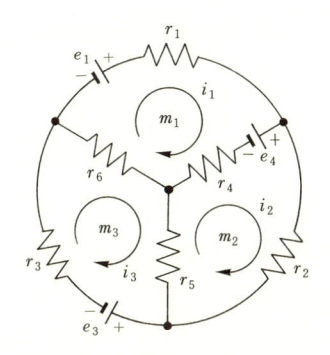

図 4.5　3つの網路をもつ回路の例

路は一意的に定めることができる．網路がすべて定まれば，各枝に流れる電流はすべて網路電流の組合せで表すことができる．

すべての網路を時計回りとし，また電源はすべて電圧源に変換してあるものとする．

図4.5に示す回路について網路方程式を立ててみよう．枝の数 $b=6$，節点数 $n=4$ であるので変数の数は $b-n+1=3$ となり，変数の数は3である．そこで網路 n_1, n_2, n_3 に沿った3つの電流 i_1, i_2, i_3 について方程式を立てればよい．

r_1, r_2, r_3 にはそれぞれ i_1, i_2, i_3 のみが流れており，また r_4 には m_1 に沿って i_1-i_2, r_6 には m_1 に沿って i_1-i_3 が流れているから m_1 に沿ってキルヒホッフの電圧則を適用すると

$$-e_1+r_1i_1+e_4+r_4(i_1-i_2)+r_6(i_1-i_3)=0$$

同じようにして，m_2 に沿っては

$$r_2i_2+r_5(i_2-i_3)+r_4(i_2-i_1)-e_4=0$$

m_3 に沿っては

$$e_3+r_3i_3+r_6(i_3-i_1)+r_5(i_3-i_2)=0$$

以上の3つの式を整理し，電源を右辺に移項して行列の形で表すと以下のようになる．

$$\begin{bmatrix} r_1+r_4+r_6 & -r_4 & -r_6 \\ -r_4 & r_2+r_4+r_5 & -r_5 \\ -r_6 & -r_5 & r_3+r_5+r_6 \end{bmatrix} \begin{bmatrix} i_1 \\ i_2 \\ i_3 \end{bmatrix} = \begin{bmatrix} e_1-e_4 \\ e_4 \\ -e_3 \end{bmatrix}$$

左辺の行列を見ると1行1列の要素は m_1 に含まれる抵抗 r_1, r_4, r_6 の総和となっており，2行2列および3行3列の要素は m_2 に含まれる抵抗の総和および m_3 に含まれる抵抗の総和になっている．また1行2列および2行1列の要素は m_1 と m_2 に共通に含まれる抵抗に負符号をつけたもの，1行3列および3行1列の要素は m_1 と m_3 に共通に含まれている抵抗に負符号をつけたものになっており，節点方程式の場合と同じように対称行列である．

右辺を見ると各網路に含まれている電圧源の代数和に負符号をつけたものとなっている．回路が複雑になっても網路に関する方程式の形は変わらず，回路が与えられると形式的に方程式を立てることができる．また前節の節点に関す

る方程式と比較してみると，まったく同じ形をしていることに気づくであろう．

以上のことから次に示すような対応関係があることがわかる．

```
節点    節点電圧    電流則    節点方程式    コンダクタンス    電流源
 ↕       ↕         ↕         ↕              ↕              ↕
網路    網路電流    電圧則    網路方程式    抵抗            電圧源
```

節点方程式と網路方程式がまったく等しいとき，この2つの回路は互いに双対 (dual) であるという．

4.4 閉路方程式

4.2, 4.3節で節点方程式と網路方程式について説明し，両方程式がまったく同じ形をしていることがわかった．ここで図4.6に示す回路について考えてみよう．

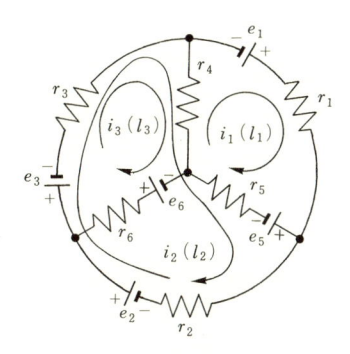

図 4.6 3つの閉路をもつ回路

枝数は6，節点数が4であるから閉路数は $6-4+1=3$ である．閉路と閉路電流をそれぞれ l_1, l_2, l_3 および i_1, i_2, i_3 とすると r_1 には i_1, r_5 には i_1-i_2, r_4 には $i_1-i_2-i_3$ が流れているので，l_1 に沿って電圧則を適用すると

$$-e_1+r_1i_1+e_5+r_5(i_1-i_2)+r_4(i_1-i_2-i_3)=0$$

同様に l_2 に沿っては

$$r_5(i_2-i_1)-e_5+r_2i_2-e_2+e_3+r_3(i_2+i_3)+r_4(i_2+i_3-i_1)=0$$

l_3 に沿っては

$$e_3+r_3(i_2+i_3)+r_4(i_2+i_3-i_1)-e_6+r_6i_3=0$$

となる．

以上の3つの式を整理して，行列の形で書くと

$$\begin{bmatrix} r_1+r_4+r_5 & -r_4-r_5 & -r_4 \\ -r_4-r_5 & r_2+r_3+r_4+r_5 & r_3+r_4 \\ -r_4 & r_3+r_4 & r_3+r_4+r_6 \end{bmatrix}\begin{bmatrix} i_1 \\ i_2 \\ i_3 \end{bmatrix}=\begin{bmatrix} e_1-e_5 \\ e_2-e_3+e_5 \\ -e_3+e_6 \end{bmatrix}$$

となり左辺の抵抗の行列は対称行列であり，1行1列，2行2列，3行3列の要素はそれぞれ l_1, l_2, l_3 に含まれる抵抗値の総和，1行2列と2行1列の要素は i_1 と i_2 が共通に流れる抵抗の値に，i_1 と i_2 が同じ向きならば正符号，逆ならば負符号をつけた値の和であり，また1行3列，3行1列の要素は i_1 と i_3 が共通に流れる抵抗の値に i_1 と i_3 が同じ向きならば正符号，逆ならば負符号をつけた値の和，また2行3列，3行2列も同様である．右辺の電源は各閉路に含まれる電圧源の総和に負符号をつけたものとなっている．したがって，閉路と閉路電流を決めれば，回路の行列方程式は形式的に求まる．この例では閉路電流をすべて時計回りにとってあるが，いずれかの電流を反時計回りにとっても符号を考えればまったく同様に回路の行列方程式が求められる．

　4.2節，4.3節で節点方程式と網路方程式はまったく同じ形をしていることを示したが，閉路方程式に対応するものにカットセット方程式がある．しかしこれはもう少し高度のグラフの概念が必要となるためここでは省略する．

演　習

4.1 グラフにおいて，ある節点を選んだ場合他のすべての節点と枝で接続されている場合このグラフを完全グラフという．例題1.1の図1.4は節点数5の場合である．節点総数 n の完全グラフがあるとき，独立な補木枝数を求めよ．

4.2 （a）　図4.7に示す回路で節点 n_3 を接地（$v_3=0$）した場合の節点電圧方程式を行列の形で表せ．

　　　（b）　次に節点 n_4 を接地したときの節点電圧方程式を行列の形で表せ．

4.3 図4.8に示す回路で i_1, i_2, i_3, i_4 に関する網路方程式を行列の形で表せ．

4.4 図4.9に示す回路で i_1, i_2, i_3, i_4 に関する閉路方程を行列の形で表せ．

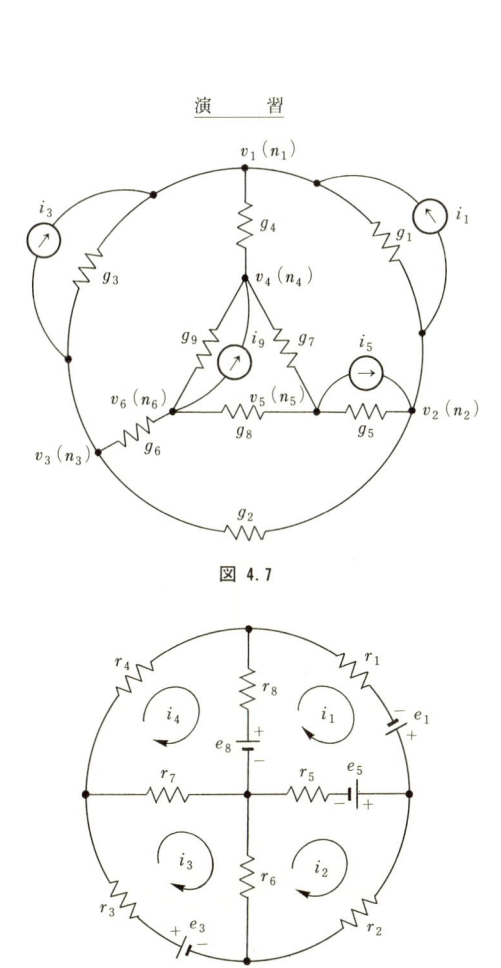

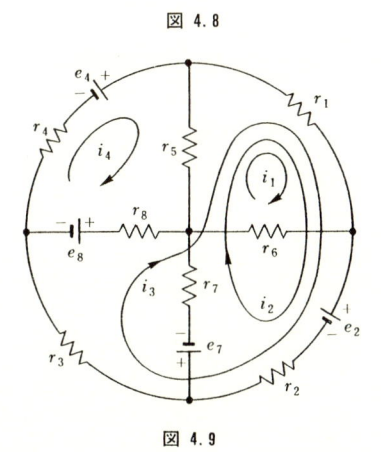

演　習

図 4.7

図 4.8

図 4.9

4.5 図 4.10 に示す回路で i_1, i_2, i_3 に関する閉路方程式を行列の形で示せ.

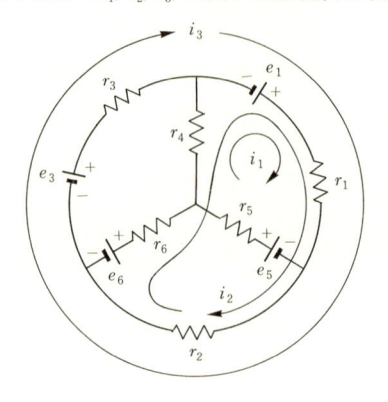

図 4.10

4.6 図 4.11 に示す回路の閉路方程式を行列の形で示せ.

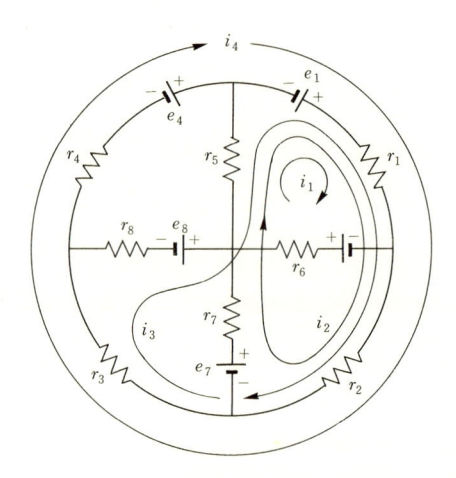

図 4.11

4.7 図 4.12 に示す回路で i_1, i_2 に関する閉路方程式を立てよ．次に i_1, i_2 を求めよ．

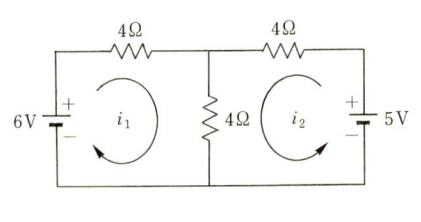

図 4.12

4.8 図 4.13 の回路で v_1, v_2, v_3 に関する節点方程式を行列の形で立て，v_1, v_2, v_3 を求めよ．

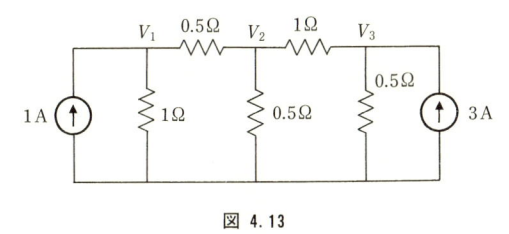

図 4.13

4.9 図 4.14 に示す回路で電流 I_1, I_2, I_3 に関する閉路方程式を行列の形で立て，I_1, I_2, I_3 を求めよ．

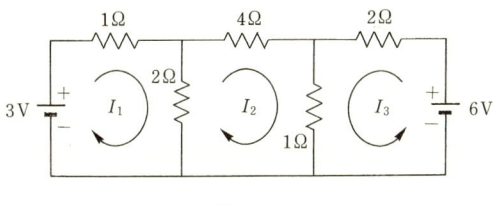

図 4.14

5

回路における諸定理

電気回路におけるいくつかの重要な定理について説明し，これらの定理は回路を取り扱う場合有効な手段であることを示している．これらの定理はきわめて一般性があり，電気回路理論の美しさを表している．

5.1 重ねの理

4章では回路方程式を立てる方法について学んだが，ここでは多くの電源を含む回路において，ある枝に流れる電流や電圧は電源とどのような関係にあるかについて調べてみよう．

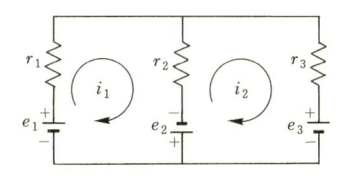

図 5.1 複数個の電源を含む回路

図 5.1 の回路について網路電流 i_1, i_2 の回路方程式を立ててみると

$$\begin{bmatrix} r_1+r_2 & -r_2 \\ -r_2 & r_2+r_3 \end{bmatrix} \begin{bmatrix} i_1 \\ i_2 \end{bmatrix} = \begin{bmatrix} e_1+e_2 \\ -e_2-e_3 \end{bmatrix}$$

すなわち

$$(r_1+r_2)i_1 - r_2 i_2 = e_1 + e_2$$
$$-r_2 i_1 + (r_2+r_3)i_2 = -e_2 - e_3$$

これから i_1 を求めるために上の式の両辺に (r_2+r_3) を掛け，また下の式の両

辺に r_2 を掛けると

$$(r_2+r_3)(r_1+r_2)i_1 - r_2(r_2+r_3)i_2 = (r_2+r_3)(e_1+e_2)$$
$$-r_2^2 i_1 + r_2(r_2+r_3)i_3 = r_2(-e_2-e_3)$$

上の 2 つの式の和をとると

$$[(r_2+r_3)(r_1+r_2) - r_2^2]i_1 = (r_2+r_3)(e_1+e_2) + r_2(-e_2-e_3)$$
$$= (r_2+r_3)e_1 + r_3 e_2 - r_2 e_3$$

したがって

$$i_1 = \frac{1}{(r_2+r_3)(r_1+r_2) - r_2^2}[(r_2+r_3)e_1 + r_3 e_2 - r_2 e_3]$$

となる．この式をみると，e_1 のみが零でなく $e_2=0$, $e_3=0$ ときの i_1 を i_{11}, e_2 のみが零でなく $e_1=0$, $e_3=0$ のときの i_1 を i_{12}, e_3 のみが零でなく $e_1=0$, $e_2=0$ のときの i_1 を i_{13} とすると e_1, e_2, e_3 が，全部あるときの電流 i_1 は

$$i_1 = i_{11} + i_{12} + i_{13}$$

となることがわかる．これを**重ねの理**といい，線形回路[*]の大きな特徴であり，きわめて重要な原理である．

[例題 5.1] 図 5.2 (a) に示す回路において i を重ねの理を用いて求めよ．

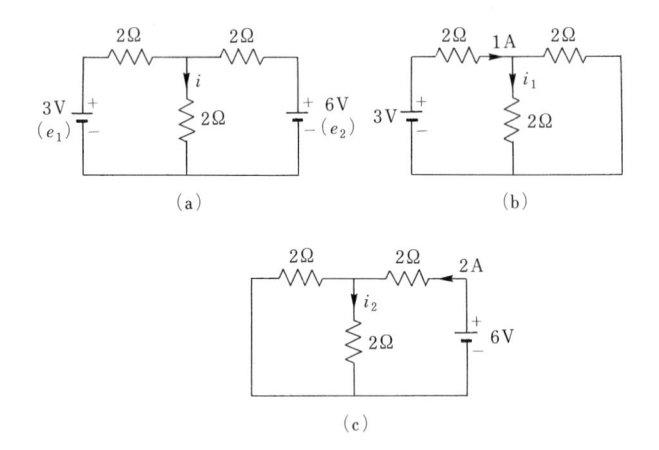

図 5.2 重ねの理の例 1

---

*) 線形回路とは抵抗，インダクタンス，キャパシタに流れる電流とその両端の電圧の関係が直線，すなわち電圧と電流が比例するような回路のことである．

5.1 重ねの理

(**解**)　まず e_2 を 0 とすると，回路は図 (b) のようになり
$$i_1 = 0.5 \text{ [A]}$$
次に $e_1 = 0$ とすると，回路は図 (c) のようになり
$$i_2 = 1 \text{ [A]}$$
となるので
$$i = i_1 + i_2 = 1.5 \text{ [A]}$$
となる．

[**例題 5.2**]　図 5.3 (a) に示す回路において電流 i を重ねの理を用いて求めよ．

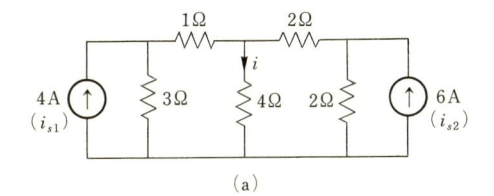

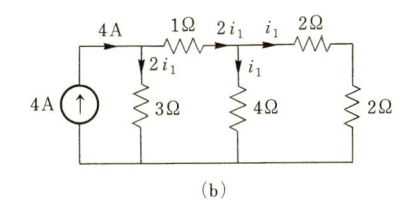

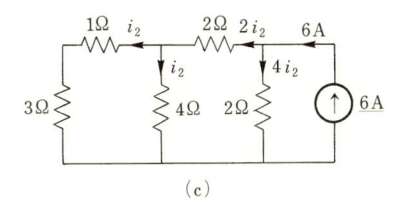

図 5.3　重ねの理の例 2

(**解**)　まず $i_{s2} = 0$ とおくと，回路は図 (b) に示すようになり，図より
$$4i_1 = 4, \quad i_1 = 1 \text{ [A]}$$
次に $i_{s1} = 0$ とすると，図 (c) となり
$$6i_2 = 6, \quad i_2 = 1 \text{ [A]}$$
重ねの理より

$$i = i_1 + i_2 = 2 \ [\text{A}]$$

となる．

5.2 テブナンの定理とノートンの定理

テブナンの定理とノートンの定理は電気回路においてきわめて有用な定理であるが，この定理はテブナン（Thévenin）の発表よりも約 30 年前にヘルムホルツ（Helmholtz）により発表されている．理由ははっきりしないが，一般に知られておらず，テブナンの名がついてしまった．本来ならばヘルムホルツの定理というべきであろう．

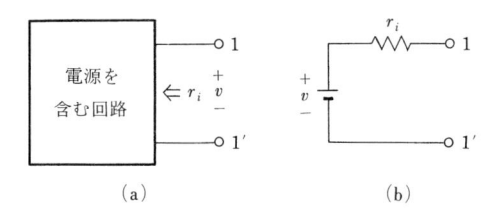

図 5.4 電源を含む回路

定理の内容は図 5.4（a）に示す電源を含む回路においてある端子対 1-1′ 間の電圧が v であり，また 1-1′ 間から見た抵抗が r_i であるとき，1-1′ 間に抵抗 r を接続すると r に流れる電流 i は

$$i = \frac{v}{r_i + r}$$

となる．これがテブナンの定理である．これは図 5.4（a）の回路は図（b）の回路に置き換えられることを意味している．4 章で学んだように，複数の電源を含む回路は 1 つの電圧源または電流源を含む回路に変換できることがわかっているが，この定理はもう少し一般性をもっている．テブナンの定理は重ねの理を用いて一般的に証明できる．

図 5.5 に示すように，図（a）に示す回路の 1-1′ 端子間に抵抗 r と電圧源 v を接続すると，電源を含む回路の 1-1′ 間を開放したときの電圧 v と電圧源の電圧 v とは等しいので $i' = 0$ となる．次に図（b）に示すように電源回路の中の電源をすべて零（すなわち電圧源は除去して短絡，電流源は除去して開放）

5.2 テブナンの定理とノートンの定理

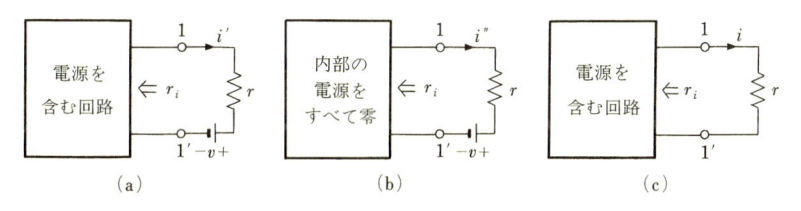

図 5.5 テブナンの定理の証明

にすると

$$i'' = -\frac{v}{r_i + r}$$

となる．ここで外部に接続した電圧源を零にしてみると図（c）に示す元の回路になるが，重ねの理を適用してみると

$$i' = i'' + i$$

となる．

$$i' = 0, \quad i'' = \frac{v}{r_i + r}$$

であるから

$$i = i' - i'' = \frac{v}{r_i + r}$$

となり，テブナンの定理が証明された．

[**例題 5.3**] 図 5.6（a）の回路をテブナンの定理を用いて，単一の電圧源および電流源を含む回路に変換し，この電源回路が供給できる最大電力を求めよ．

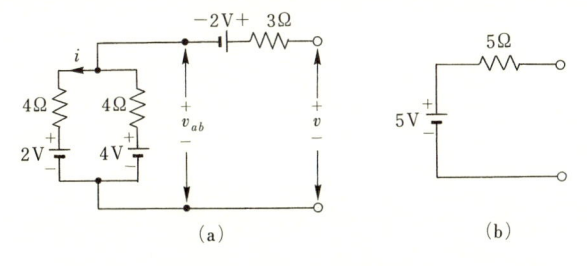

図 5.6 テブナンの定理の例

(**解**)（まず，v_{ab} を求めるために）図に示す電流 i を求めてみると

$$i = \frac{4\mathrm{V} - 2\mathrm{V}}{4\Omega + 4\Omega} = \frac{1}{4}$$

となり,これより v_{ab} は

$$v_{ab} = 2 + 4i = 3$$

したがって,v は

$$v = 3 + 2 = 5$$

また内部抵抗 r_i は図5.6(a)において電圧源,電流源を零にすると

$$3 + 2 = 5 \ [\Omega]$$

よって図5.6(b)のようになり,負荷抵抗 R が $5\ [\Omega]$ のとき R で消費する電力は最大となり,このときの供給電力 P は

$$P = 5 \cdot \left(\frac{5}{5+5}\right)^2 = \frac{5}{4}\ [\mathrm{W}]$$

となる.

テブナンの定理と密接な関係にあるのがノートン(Norton)の定理である.電源を含む回路があり,この中のある2つの端子を短絡したときに流れる電流が i でありこの2つの端子間から回路を見たコンダクタンス(内部コンダクタンス)が g_i であるとき,この2つの端子間にコンダクタンス g を接続したとき,この2つの端子間に生ずる電圧 v は

$$v = \frac{i}{g_i + g}$$

となる.これをノートンの定理という.この定理もテブナンの定理とまったく同じようにして証明できる.

[例題5.4] 例題5.3(図5.6)を電圧源と電流源の相互変換を用いて解け.

(解) 例題3.2(図3.13)を参考にして電源の変換を繰り返すと図5.7に示すようになる.

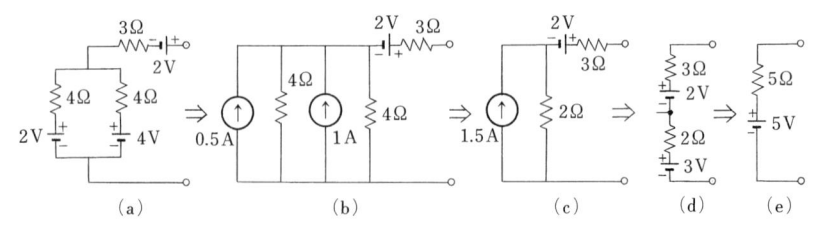

図 5.7 電源の変換

[**例題 5.5**]　テブナンの定理を用いて図 5.8 (a) の回路を (b) の回路に変換せよ.

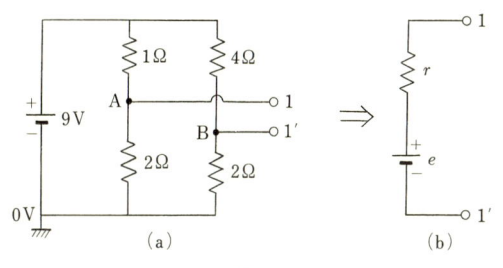

図 5.8

(**解**)　図 5.8 (a) において 1-1′ 間の電圧が図 (b) の e であり，また図 (a) の電圧源を取り除いて短絡したときに 1-1′ からみた抵抗が図 (b) の r である．端子 1 の電圧を v，端子 1′ の電圧を v' とすると

$$v=\frac{9}{2+1}\times 2=6\,\mathrm{V}, \quad v'=\frac{9}{4+2}\times 2=3\,\mathrm{V}$$

よって 1-1′ の電圧は $6-3=3\,\mathrm{V}$，したがって $e=3\,\mathrm{V}$.
次に図 (a) で電圧源を零にすると，回路は図 5.9 に示され，これより $r=2\,\Omega$ となる．

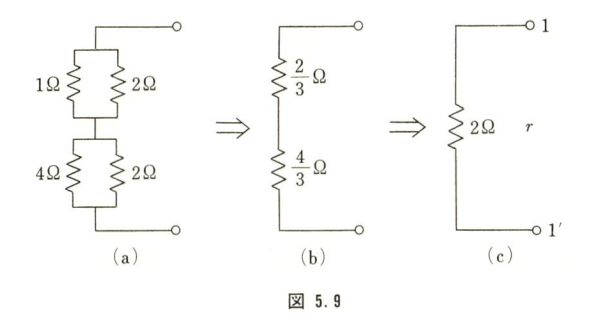

図 5.9

すなわち

$$e=3\,\mathrm{V}, \quad r=2\,\Omega$$

5.3　相反定理

図 5.10 (a) に示す回路で i_1, i_2 に関する閉路方程式を求めると

$$(r_1+r_3)i_1+r_3 i_2=e_1, \quad r_3 i_1+(r_2+r_3)i_2=e_2$$

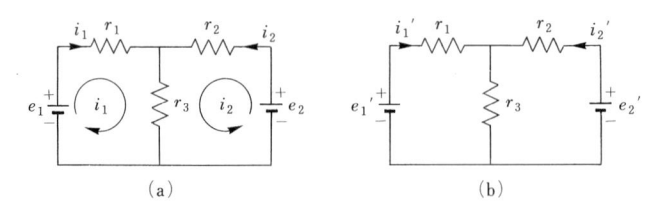

図 5.10 相反回路の例

となり，これを解くと

$$i_1 = \frac{1}{\Delta}[(r_2+r_3)e_1 - r_3 e_2], \quad i_2 = \frac{1}{\Delta}[(r_1+r_3)e_2 - r_3 e_1]$$

$$(ただし \ \Delta = (r_1+r_3)(r_2+r_3) - r_3^2)$$

となる．

また図（b）に示すように e_1, e_2 を e_1', e_2' に置き換えたときの i_1, i_2 を i_1', i_2' とすると

$$i_1' = \frac{1}{\Delta}[(r_2+r_3)e_1' - r_3 e_2'], \quad i_2' = \frac{1}{\Delta}[(r_1+r_3)e_2' - r_3 e_1']$$

となり，ここで $e_1 i_1' + e_2 i_2'$ と $e_1' i_1 + e_2' i_2$ を計算してみると

$$e_1 i_1' + e_2 i_2' = \frac{1}{\Delta}[(r_2+r_3)e_1' - r_3 e_2']e_1 + \frac{1}{\Delta}[(r_1+r_3)e_2' - r_3 e_1']e_2$$

$$e_1' i_1 + e_2' i_2 = \frac{1}{\Delta}[(r_2+r_3)e_1 - r_3 e_2]e_1' + \frac{1}{\Delta}[(r_1+r_3)e_2 - r_3 e_1]e_2'$$

上の2つの式の右辺を計算してみると，等しいことから

$$e_1 i_1' + e_2 i_2' = e_1' i_1 + e_2' i_2$$

が成立する．

この関係は複雑な回路でも成り立ち，n 個の閉路に接続されている n 個の電圧源 $e_1, e_2, \cdots, e_n$ から電流 $i_1, i_2, \cdots, i_n$ が流出しており，また $e_1, e_2, \cdots, e_n$ を $e_1', e_2', \cdots, e_n'$ に置き換えたときに $i_1', i_2', \cdots, i_n'$ が流出していた場合

$$e_1 i_1' + e_2 i_2' + \cdots + e_n i_n' = e_1' i_1 + e_2' i_2 + \cdots + e_n' i_n$$

が成立する（証明は省略）．これを広い意味の相反定理という．

ここで e_1, e_2' だけが零でなく，他の電源はすべて零である場合には

$$e_1 i_1' = e_2' i_2$$

となる．これを狭い意味の**相反定理**という．通常相反定理といえば，この方を

5.3 相反定理

指すことが多い．この狭い意味の相反定理を具体的に説明してみよう．

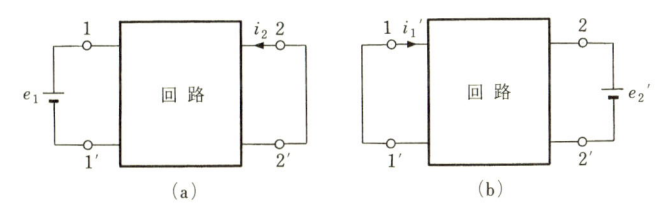

図 5.11 相反回路の説明

図 5.11 (a) に示す回路の端子対 1-1' に電源 e_1 を接続したときに 2-2' 間に流れる電流が i_2 であったとする．次に同じ回路で図 (b) に示すように 2-2' 間に電源 e_2' を接続した場合 1-1' に流れる電流が i_1' とすると

$$e_1 i_1' = e_2' i_2$$

の関係が成立することになる．とくに $e_1 = e_2'$ とすると $i_1' = i_2$ となる．すなわち，図 5.12 に示すように 1-1' 間に電源 e を接続したときに，2-2' 間に流れる電流が i であるとき，逆に 2-2' 間に電源 e を接続したときの 1-1' に流れる電流は i であることを示している．相反定理は線形受動回路ならば必ず成り立ち，相反定理が成り立つような回路を相反回路という．

相反定理は電源として電流源を用いた場合にも成立することはいうまでもない．図 5.13 にこの関係を示す．

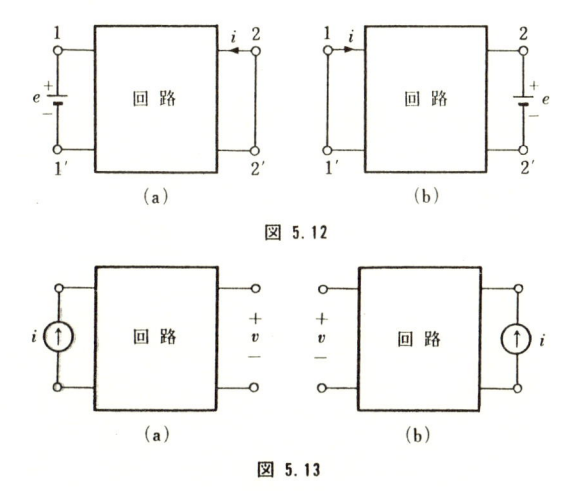

図 5.12

図 5.13

演　習

5.1 図 5.14 に示す回路の電流 I を重ねの理を用いて求めよ．

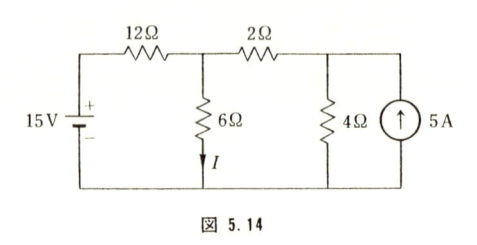

図 5.14

5.2 図 5.15 の回路の 1-1′ 間に r (5Ω) の抵抗を接続したとき，r に流れる電流を求めよ．

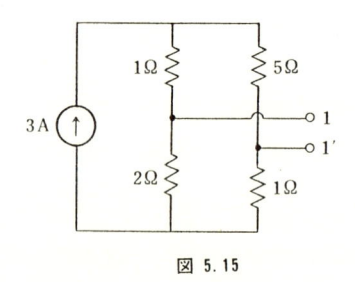

図 5.15

5.3 ノートンの定理を重ねの理を用いて証明せよ．

5.4 図 5.16 (a) で 1-1′ 間に電圧源 e_1 を接続したところ 2-2′ の電圧は v_2 であった．同じ回路で図 (b) のように 2-2′ 間に電流源 i_2 を接続したとき r_1 に流れる電流 i_1 を求めよ．

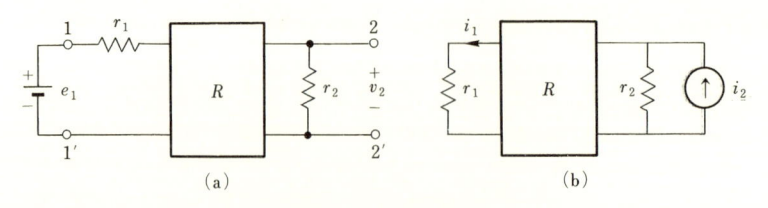

図 5.16　相反回路

演 習

5.5 図 5.17 の回路の電流 I を重ねの理を用いて求めよ．

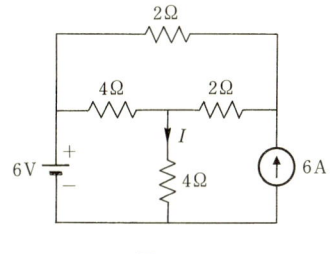

図 5.17

5.6 図 5.18 の回路でせまい意味の相反定理が成り立つことを確かめよ．

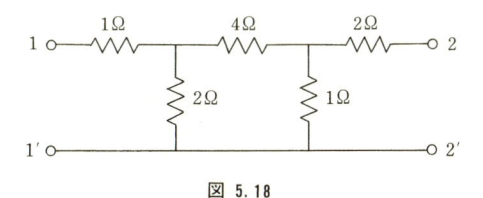

図 5.18

5.7 図 5.19 の回路でせまい意味の相反定理が成り立つことを確かめよ．

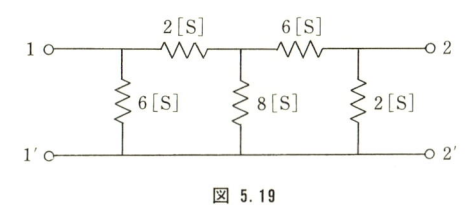

図 5.19

5.8 図 5.20 の回路の電流 I をテブナンの定理を用いて求めよ．

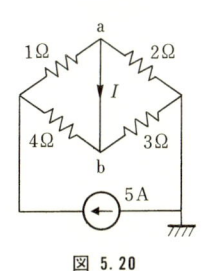

図 5.20

6

コンデンサとインダクタンス

この章は回路素子であるコンデンサ，インダクタの性質について説明し，種々の波形の電圧を加えた場合や種々の波形の電流を流した場合の応答について説明し，コンデンサの両端の電圧とインダクタに流れる電流の性質について述べる．

6.1 コンデンサ

6.1.1 コンデンサの性質

図 6.1 に示すように絶縁された 2 つの導体板 a-b 間に電圧 v を加えたとき，導体 a, b には a に $+q$ [クーロン]，b に $-q$ [クーロン] の電荷が蓄積される．このとき，v と q は比例し

$$q = Cv$$

なる関係がある．すなわち，このように電荷を蓄える装置をコンデンサと呼び，図 6.2 にその記号を表す．比例定数 C をコンデンサの容量といい，単位は [クーロン/ボルト] であるが，ファラッド [F] を用いる．

次にコンデンサに流れ込む電流 i と両電極間の電圧 v との関係について調べ

図 6.1 コンデンサ　　図 6.2 コンデンサの記号　　図 6.3 コンデンサ

てみよう．図 6.3 に示すように電流 i がコンデンサに流れ込むとコンデンサに蓄えられる電荷は増加する．電荷の増加する割合 dq/dt が電流 i であるから

$$i=\frac{dq}{dt}$$

となる．この関係は最初にコンデンサにいくら電荷が蓄えられていたかに無関係であり，コンデンサに蓄えられる電荷の増加する割合と流れ込む電流の関係のみを示すものである．$i=dq/dt$, $q=Cv$ であるから，もし C が時間的に変化しないならば

$$i=\frac{dq}{dt}=C\frac{dv}{dt}$$

となる．ここで別の見方をして dq/dt を t で積分してみると，q は

$$q=\int_{-\infty}^{t}i(\tau)d\tau$$

で表され，時刻 t における q の値は過去に流れた電流のすべての影響を受けることになる．われわれは $t=0$ からの現象を調べる場合が多いので，上の式を書き換えると

$$q=\int_{-\infty}^{t}i(\tau)d\tau=\int_{-\infty}^{0}i(\tau)d\tau+\int_{0}^{t}i(\tau)d\tau=q_0+\int_{0}^{t}i(\tau)d\tau$$

で表される．q_0 は $t=0$ でコンデンサに蓄えられていた電荷で，初期値という．また $q=Cv$ より

$$Cv=q_0+\int_{0}^{t}i(\tau)d\tau$$

となり

$$v=\frac{q_0}{C}+\frac{1}{C}\int_{0}^{t}i(\tau)d\tau=v_0+\frac{1}{C}\int_{0}^{t}i(\tau)d\tau$$

となり，コンデンサに電流が流れ込むと抵抗の場合と同じようにコンデンサの両端に上式で表される電位差が生ずる．これを電圧降下という．

次にコンデンサの電圧または電荷はどのような性質をもっているか考えてみよう．前式において，$i(t)$ を $t=-\varepsilon$ から $t=+\varepsilon$ まで積分（$t=-\varepsilon$ から $+\varepsilon$ の間の $i(t)$ の面積に相当）してみると

$$\int_{-\varepsilon}^{+\varepsilon}i(\tau)d\tau=q(+\varepsilon)-q(-\varepsilon)$$

6.1 コンデンサ

となる．ここで $t=+\varepsilon$ と $t=-\varepsilon$ の間で $i(t)$ は無限大のジャンプをしないものとすると，$\varepsilon\to 0$ にしたときの $i(t)$ の $-\varepsilon$ と $+\varepsilon$ の間の面積は零となるので

$$\lim_{\varepsilon\to 0}\int_{-\varepsilon}^{+\varepsilon}i(\tau)d\tau=\lim[q(+\varepsilon)-q(-\varepsilon)]=0$$

となる．これはコンデンサの電圧についても同じことがいえる．すなわち，コンデンサに蓄えられている電荷と両端の電圧はコンデンサに流入する電流が無限大のジャンプをしない限り連続となることを示している．

[**例題 6.1**] 容量が1[F]のコンデンサに図6.4（a），（b），（c）に示すような電流 $i(t)$ が流入したとき，コンデンサの両端の電圧 $v(t)$ はどのようになるか図示せよ．ただしコンデンサの初期電圧は零とする．

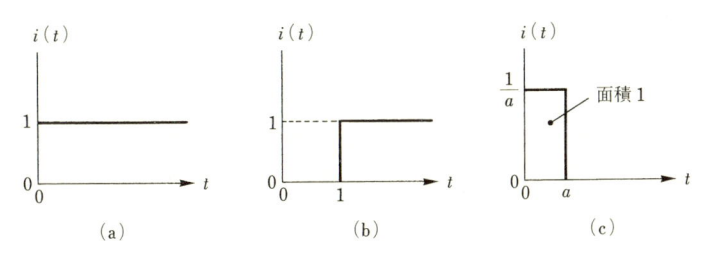

図 6.4 $i(t)$ の波形

（**解**）

$$v(t)=v_0+\frac{1}{C}\int_0^t i(\tau)d\tau=\int_0^t i(\tau)d\tau$$

であるから $v(t)$ の値は $i(t)$ の 0〜t までの面積になるから，それぞれ図6.5のようになる．

ここで図6.4（c）に示す波形の $a\to 0$ の場合について考えてみる．$0\leq t\leq a$ の間では

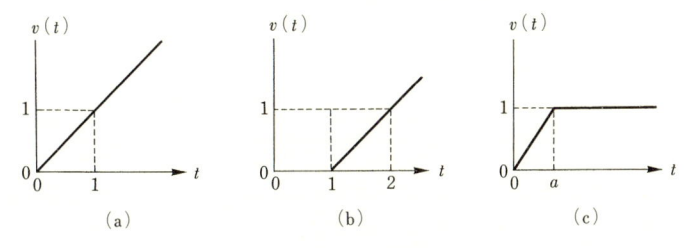

図 6.5 $v(t)$ の波形

(a) (b) (c)

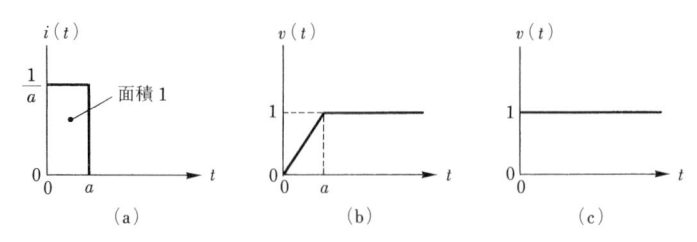

図 6.6 $i(t)$ と $v(t)$ の関係

$i(t)$ は図 6.6（a）に示すようになり，$t=0$ では $a \to 0$ の場合 $i(t)$ は無限大のジャンプをするので $v(t)$ は連続にならず図 6.6（c）のようになる．すなわち $t=0$ で $v(t)$ は 0 から 1 にジャンプし不連続となる．

図 6.4（a）に示すような関数を**単位ステップ関数**といい，図 6.4（c）で $a \to 0$ の場合の関数を**単位インパルス関数**という．以上のことから単位インパルス関数を積分すると単位ステップ関数となることがわかる．

[例題 6.2]　容量が 1[F] のコンデンサに，図 6.7（a），（b）に示されるような電流源 $i(t)$ をコンデンサの両端に接続したとき，コンデンサの両端の電圧を図示せよ．ただしコンデンサの初期電圧は零とする．

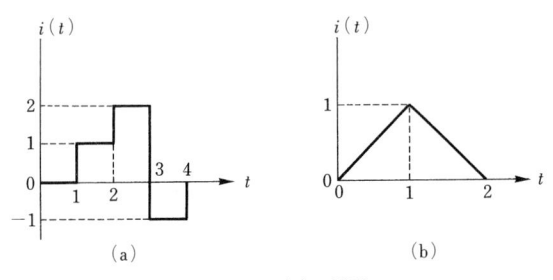

図 6.7　$i(t)$ の波形

（解）

$$v(t) = \int_0^t i(\tau)d\tau$$

であるから，$i(t)$ が図（a）の場合には t が 0〜1 の間は $v(t)=0$，1〜2 の間では $v(t)$ は傾斜 1 で増加し，2〜3 の間では傾斜 2 で増加し，また 3〜4 の間では傾斜 1 で減少し，$4<t$ では $v(t)$ は一定となることがわかり，図 6.8（a）で示される波形となる．

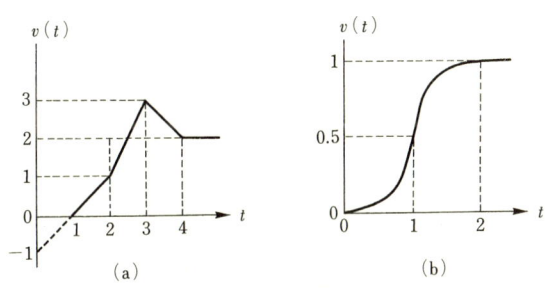

図 6.8　$v(t)$ の波形

　$i(t)$ が図 6.7 (b) の場合について考える．$i(t)$ の面積は $0 \leq t \leq 1$ の間では，t が増加するに従って急速に増加し，$t=1$ で 1/2 となる．次に $1 \leq t \leq 2$ では $i(t)$ の面積の増加する割合は減少し，$t=2$ では $i(t)$ の面積は 1 となり，それ以後は増加しない．したがって $i(t)$ が図 6.7 (a) の場合には $v(t)$ の形は図 6.8 (b) のようになる．

6.1.2　コンデンサに蓄えられるエネルギー

コンデンサで消費する瞬時電力 $P_C(t)$ は

$$P_C(t) = v(t) \cdot i(t)$$

であるから，$\tau=0$ から t の間にコンデンサでなされた仕事 $W_C(t)$ は

$$W_C(t) = \int_0^t P_C(\tau) d\tau = \int_0^t v(\tau) \cdot i(\tau) d\tau$$

ここで $i(t) = C \dfrac{dv(t)}{dt}$ を上式に代入すると

$$W_C(t) = \int_0^t v(\tau) \cdot C \frac{dv(\tau)}{d\tau} d\tau$$

また $v^2(t)$ を t で微分すると

$$\frac{d}{dt}[v^2(t)] = 2v(t) \cdot \frac{dv(t)}{dt}$$

であるので

$$v(t) \frac{dv(t)}{dt} = \frac{1}{2} \frac{d}{dt}[v^2(t)]$$

となり

$$W_C(t) = \int_0^t \frac{C}{2} \frac{d}{d\tau}[v^2(\tau)] d\tau = \frac{C}{2} [v^2(\tau)]_0^t$$

であるから

$$W_C(t) = \left[\frac{q^2(\tau)}{2C}\right]_0^t$$

で表される．ここで $q(0)=0$ すなわち $v(0)=0$ の場合には

$$W_C(t) = \frac{C}{2}v^2(t) = \frac{1}{2C}q^2(t) \quad [\text{ジュール，J}]$$

となり，0 から t の間にコンデンサに蓄えられたエネルギーは時刻 t の電圧または電荷のみで表される．

たとえば，容量 C [F] のコンデンサを充電したとき，両端の電圧が V ボルトになったとすると，コンデンサに蓄えられたエネルギー W は $W=(1/2)CV^2$ となる．

6.1.3 コンデンサの接続

図 6.9 に示すように，コンデンサを直列に接続した場合について考える．コンデンサに流れる電流 i は共通であり，またコンデンサの初期電圧を $v_1(0)$，$v_2(0),\cdots,v_n(0)$ とすると

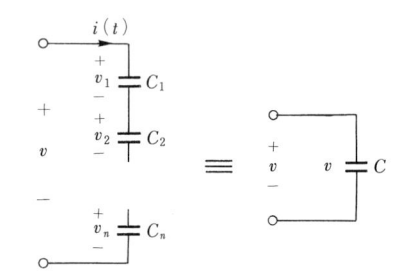

図 6.9 コンデンサの直列接続

$$v_1 = \frac{1}{C_1}\int_{-\infty}^{t} i(\tau)d\tau = v_1(0) + \frac{1}{C_1}\int_{0}^{t} i(\tau)d\tau$$

$$\vdots$$

$$v_n = \frac{1}{C_n}\int_{-\infty}^{t} i(\tau)d\tau = v_n(0) + \frac{1}{C_n}\int_{0}^{t} i(\tau)d\tau$$

これより

$$v = v_1 + v_2 + \cdots + v_n$$
$$= v_1(0) + v_2(0) + \cdots + v_n(0) + \left(\frac{1}{C_1} + \frac{1}{C_2} + \cdots + \frac{1}{C_n}\right)\int_0^t i(\tau)d\tau$$

したがって全部のコンデンサ $C_1, C_2, \cdots, C_n$ を直列に接続した場合を1つのコンデンサ C に置き換えると

$$\frac{1}{C} = \frac{1}{C_1} + \frac{1}{C_2} + \cdots + \frac{1}{C_n}$$

となり

$$v(0) = v_1(0) + v_2(0) + \cdots + v_n(0)$$

とおくと

$$v = v(0) + \frac{1}{C}\int_0^t i(\tau)d\tau$$

となる.

次に図 6.10 に示すようにコンデンサを並列に接続した場合には，コンデンサの両端の電圧 v は共通であるから

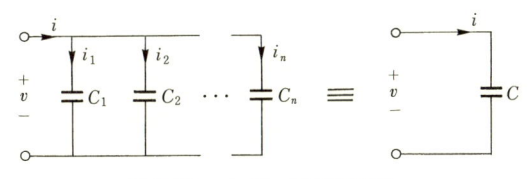

図 6.10 コンデンサの並列接続

$$i = i_1 + i_2 + \cdots + i_n$$
$$= C_1\frac{dv}{dt} + C_2\frac{dv}{dt} + \cdots + C_n\frac{dv}{dt}$$

となり，全体の容量 C は次式のようになる.

$$C = C_1 + C_2 + \cdots + C_n$$

この場合 v を t で微分しているので初期電圧は無関係となる.

6.2 インダクタンス

6.2.1 インダクタンスの性質

導体に電流を流すと導体の抵抗により電圧降下が生じるが，電流が時間的に変化するときには，わずかではあるが変化の割合に応じて抵抗の電圧降下とは異なる電圧降下が生じる．導体がコイル状になっている場合にはこの電圧降下の方が大きくなる．この現象は電磁誘導現象として知られている．

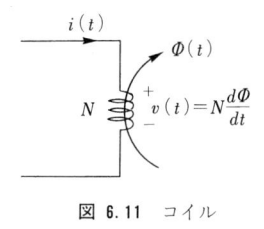

図 6.11 コイル

図6.11に示すコイルは電流 $i(t)$ を流したときに生じる磁束を $\phi(t)$ ［ウェーバー，Wb］とするとき，ファラデーの電磁誘導則により N 回巻きのコイルの両端に生ずる電圧 $v(t)$ は

$$v(t) = N\frac{d\phi(t)}{dt}$$

となり，コイルが空芯の場合には $i(t)$ と $\phi(t)$ は比例するので

$$N \cdot \phi(t) = L \cdot i(t)$$

で与えられる．この比例定数 L を自己インダクタンスといい，単位は［ヘンリー，H］を用いる．$i(t)$ と $v(t)$ の関係は

$$v(t) = N\frac{d\phi}{dt} = L\frac{di}{dt}$$

となり，電流が変化することにより電圧降下を生じる．コンデンサの場合と同じように上式を積分することにより

6.2 インダクタンス

$$i(t) = \frac{1}{L}\int_{-\infty}^{t} v(\tau)d\tau = \frac{1}{L}\int_{-\infty}^{0} v(\tau)d\tau + \frac{1}{L}\int_{0}^{t} v(\tau)d\tau$$

$$= i_0 + \frac{1}{L}\int_{0}^{t} v(\tau)d\tau$$

となる．i_0 は $t=0$ においてインダクタンスに流れている電流である．コンデンサの場合と同じように考えると

$$\lim_{t \to 0}\int_{0}^{t} v(\tau)d\tau = 0$$

で表されるので，$v(t)$ が $t=0$ で無限大のジャンプをしない限り電流あるいは磁束は連続となる．すなわち，$v(t)$ が無限大のジャンプをしない限り，電流は任意の瞬間において連続である．

[例題 6.3] 図 6.12 に示されるような波形の電圧源を 1 [H] のインダクタンスの両端に加えた場合，インダクタンスに流れる電流を図示せよ．ただし $t=0$ で $i=0$ とする．

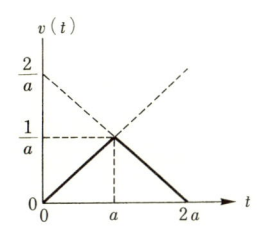

図 6.12 電圧波形

(解) $0 \leq t \leq a$ の空間では

$$v(t) = \frac{t}{a^2}$$

したがって

$$i(t) = \int_{0}^{t} \frac{\tau}{a^2}d\tau = \left[\frac{\tau^2}{2a^2}\right]_{0}^{t} = \frac{t^2}{2a^2}$$

$t=a$ では $i(a) = \dfrac{1}{2}$，$a \leq t \leq 2a$ の空間では $v(t) = \dfrac{2}{a} - \dfrac{t}{a^2}$ であるから，$t=a$ での i の値 $i(a) = \dfrac{1}{2}$ を考慮して

$$i(t) = \frac{1}{2} + \int_a^t v(\tau)d\tau = \frac{1}{2} + \int_a^t \left(\frac{2}{a} - \frac{\tau}{a^2}\right)d\tau$$

$$= \frac{1}{2} + \left[\frac{2}{a}\tau - \frac{\tau^2}{2a^2}\right]_a^t$$

$$= \frac{1}{2} + \frac{2t}{a} - \frac{t^2}{2a^2} - 2 + \frac{1}{2}$$

$$= -1 + \frac{2}{a}t - \frac{t^2}{2a^2}$$

となる.これより

$$i(2a) = 1$$

また $2a < t$ では $v(t) = 0$ である.

以上より $i(t)$ の概形は図 6.13 のようになる. $i(t)$ は $2a < t$ の区間では a の値にかかわらず 1 となる.ここで $a \to 0$ としてみると,$i(t)$ は前に述べた単位ステップ関数となる.同じように図 6.12 の電圧波形で $a \to 0$ としてみると,$v(t)$ は $t = 0$ で面積が 1 のパルスとなる.すなわち,$v(t)$ は前に述べた単位インパルス関数と同じものになる.

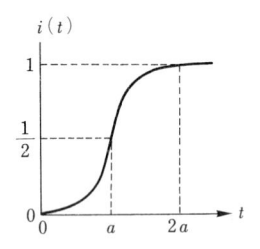

図 6.13 電流波形

6.2.2 インダクタンスに蓄えられるエネルギー

インダクタンスで消費する瞬時電力 $P_L(t)$ は

$$P_L(t) = v(t) \cdot i(t)$$

であるから,0 から t までの間に行われた仕事 $W_L(t)$ は $i(0) = 0$ とすると,$v(t) = L\dfrac{di(t)}{dt}$ であるから

$$W_L(t) = \int_0^t v(\tau) \cdot i(\tau)d\tau = \int_0^t i(\tau) \cdot L \cdot \frac{di(\tau)}{d\tau}d\tau$$

ここで

$$\frac{d}{d\tau}[i^2(\tau)] = 2i(\tau) \cdot \frac{di(\tau)}{d\tau}$$

を利用すると

$$W_L(t) = \int_0^t \frac{L}{2} \frac{d}{d\tau}[i^2(\tau)] d\tau = \frac{L}{2}[i^2(\tau)]_0^t$$

$$= \frac{L}{2} i^2(t)$$

となる．すなわち，時刻 t でインダクタンスに蓄えられるエネルギーは $(L/2) i^2(t)$ となる．

6.2.3 インダクタンスの接続

図 6.14 に示すように n 個のインダクタンスを直列に接続し，電流 i を流すと

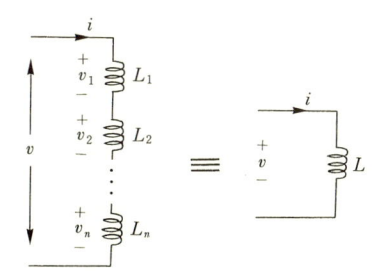

図 **6.14** インダクタンスの直列接続

$$v = v_1 + v_2 + \cdots + v_n$$
$$= L_1 \frac{di}{dt} + L_2 \frac{di}{dt} + \cdots + L_n \frac{di}{dt}$$
$$= (L_1 + L_2 + \cdots + L_n) \frac{di}{dt}$$

ここで

$$L = L_1 + L_2 + \cdots + L_n$$

とすると 1 個のインダクタンスと等価となる．

次に図 6.15 に示すようにインダクタンスを並列接続にすると

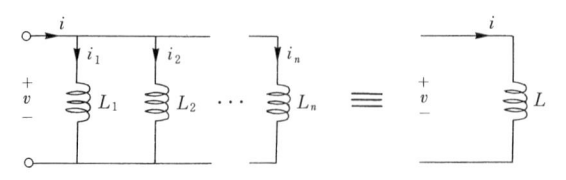

図 6.15 インダクタンスの並列接続

$$i_1 = i_1(0) + \frac{1}{L_1}\int_0^t v(\tau)d\tau$$

$$i_2 = i_2(0) + \frac{1}{L_2}\int_0^t v(\tau)d\tau$$

$$\vdots$$

$$i_n = i_n(0) + \frac{1}{L_n}\int_0^t v(\tau)d\tau$$

で表されるので

$$i = i_1 + i_2 + \cdots + i_n$$
$$= i_1(0) + i_2(0) + \cdots + i_n(0) + \left(\frac{1}{L_1} + \frac{1}{L_2} + \cdots + \frac{1}{L_n}\right)\int_0^t v(\tau)d\tau$$

すなわち全体のインダクタンス L の値は

$$\frac{1}{L} = \frac{1}{L_1} + \frac{1}{L_2} + \cdots + \frac{1}{L_n}$$

初期値 $i(0)$ は

$$i(0) = i_1(0) + i_2(0) + \cdots + i_n(0)$$

となる．

演　習

6.1 1 [F] のコンデンサに図 6.16 に示す波形の電流源 $i(t)$ を接続した．コンデンサの両端の電圧 v の波形を示せ．ただし最初コンデンサの電荷は零とする．

6.2 1 [H] のインダクタンスに図 6.17 で示される波形の電圧源 $e(t)$ を接続した．インダクタンスに流れる電流 i の波形を描け．ただし最初インダクタンスには電流は流れていないものとする．

図 6.16

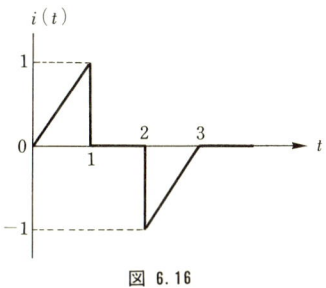

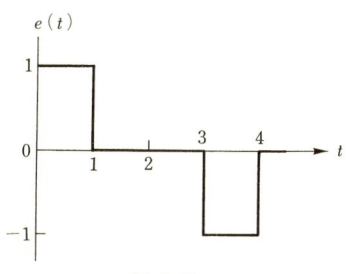

図 6.17

6.3 図 6.18(a), (b) に示すようにコンデンサが直列並列および並列直列に接続されている場合 1-1' 端子からみた容量 C_a, C_b を求めよ.

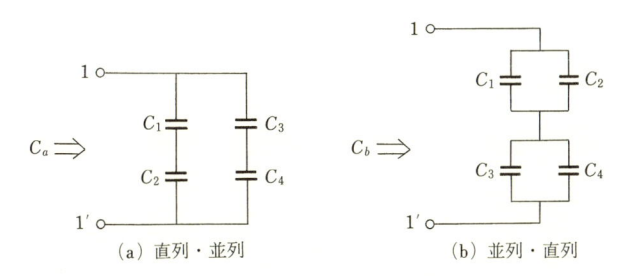

(a) 直列・並列　　(b) 並列・直列

図 6.18

6.4 図6.19(a), (b)に示すようにインダクタンスが直列並列, 並列直列されている 1-1′ からみたインダクタンス L_a, L_b を求めよ.

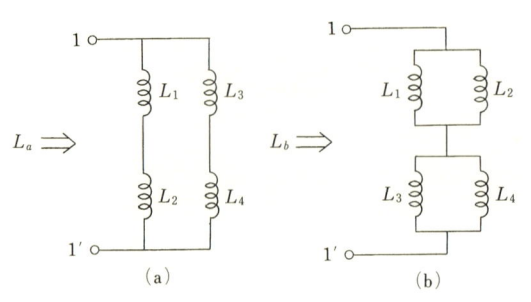

図 6.19

6.5 1[F] のコンデンサに図6.20(a), (b)に示す波形の電流源を接続した. コンデンサの両端の電圧波形 v を描け. ただし $t=0$ で $v=0$ とする.

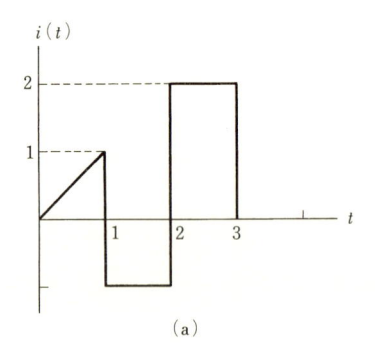

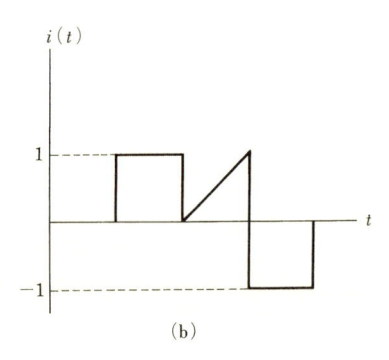

図 6.20

7

基本回路の性質

この章では RC 回路，RL 回路，RLC 回路の微分方程式の立て方とその解き方，初期値の求め方などについて説明し，これらの回路の基本的な性質について述べる．

7.1　1階微分方程式で表される回路（RC 回路と RL 回路）

7.1.1　RC 回路

図 7.1 に示す回路においてコンデンサ C は V_0 の電圧に充電されており，$t=0$ でスイッチ SW を閉じた場合について考える．$t \geq 0$ におけるコンデンサの両端の電圧を v，コンデンサに流入する電流を i_C，抵抗 R に流れる電流を i_R とすると，キルヒホッフの法則より

$$i_R + i_C = 0$$

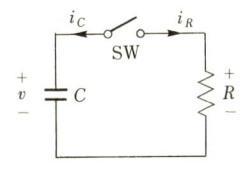

図 7.1　RC 回路

また

$$i_C = C\frac{dv}{dt}, \quad i_R = \frac{v}{R}$$

であるから，これより

$$\frac{dv}{dt}+\frac{v}{CR}=0, \quad v(0)=V_0$$

が得られる．またコンデンサの電荷 q についても $q=Cv$ より

$$\frac{dv}{dt}+\frac{1}{CR}q=0, \quad q(0)=CV_0=Q_0$$

となり，v と q に関する方程式はまったく同じ形となる．V_0, Q_0 は v, q の初期値という．これらの方程式はたかだか1階の微係数のみを含むので1階微分方程式と呼ばれる．これらの微分方程式を満足する関数 $v(t), q(t)$ を解という．

次に微分方程式

$$\frac{dv}{dt}+\frac{1}{RC}v=0$$

の解はどのような性質をもっているのか考えてみよう[*]．この微分方程式はすべての $0 \leq t$ において成立しなくてはならないことから，v とその微分 dv/dt は同じ形の関数でなければならないことになる．関数 v とその微分が同じ形をしているのは指数関数であることは容易に推察できる．したがって v は

$$v=ke^{st} \quad (k\text{は任意定数})$$

の形となり，元の微分方程式に代入すると

$$kse^{st}+\frac{1}{CR}ke^{st}=k\left(s+\frac{1}{CR}\right)e^{st}=0$$

となる．e^{st} は零となることはないので

$$s+\frac{1}{CR}=0$$

を得る．この式を特性方程式と呼び，特性方程式を満たす s を特性根という．したがって s は

$$s=-\frac{1}{CR}$$

---

[*] 数学の教科書では微分方程式を変形して

$$\frac{dv}{v}=\frac{dt}{CR}$$

とおき両辺を積分するのが普通であるが，この方法は1階の微分方程式の場合にしか適用できない．したがって1階と2階，3階などの高階微分方程式とはまったく別のものとなる．電気回路では R, L, C が定数であるので，ここでは，1階から高階まで共通して適用できる方法のみについて説明する．

7.1 1階微分方程式で表される回路（RC回路とRL回路）

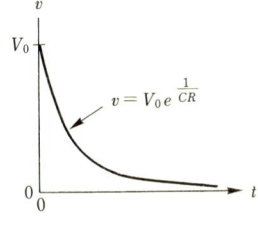

図 7.2 RC回路の解

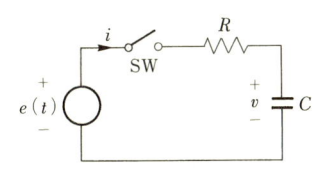

図 7.3 電源を含むRC回路

となる．解は

$$v = ke^{-\frac{t}{CR}}$$

となり，$t=0$ における初期値は $v(0)=V_0$ であるから

$$v(0) = V_0 = ke^{-\frac{0}{CR}} = k$$

となり $k=V_0$ を得る．これより解 v として

$$v = V_0 e^{-\frac{t}{CR}}$$

が得られる．v の波形は図7.2に示される．以上の解法は直感的で，解はこれだけでなく他にもあるのではないかとの疑問があるかもしれないが，解はこれ以外にはないことが厳密に証明されているので安心してこの解法を用いてよい．簡単な解法ほど価値があるのである．

次に図7.3に示されるように電源 $e(t)$ を含む回路について考えてみよう．$t=0$ でスイッチSWを閉じ，またコンデンサ C は $t=0$ で V_0 に充電されているものとする．$t \geq 0$ ではキルヒホッフの電圧則より

$$e(t) = Ri + v$$

また $i = C\dfrac{dv}{dt}$ であるから，上式は

$$RC\frac{dv}{dt} + v = e(t)$$

すなわち

$$\frac{dv}{dt} + \frac{1}{RC}v = \frac{1}{RC}e(t)$$

となる．

ここで v を $\tilde{v} + V_s$ に分けて考える．$\tilde{v}$ は

$$\frac{d\tilde{v}}{dt}+\frac{1}{RC}\tilde{v}=0$$

を満足し，また V_s は

$$\frac{dV_s}{dt}+\frac{1}{RC}V_s=\frac{1}{RC}e(t)$$

を満足し，かつ $\tilde{v}$ **とは異なる解**であるとする．ここで

$$v=\tilde{v}+V_s$$

を元の微分方程式に代入してみると

$$\left(\frac{d\tilde{v}}{dt}+\frac{dV_s}{dt}\right)+\frac{1}{RC}(\tilde{v}+V_s)=\left(\frac{d\tilde{v}}{dt}+\frac{1}{RC}\tilde{v}\right)+\left(\frac{dV_s}{dt}+\frac{1}{RC}V_s\right)=\frac{1}{RC}e(t)$$

となり，これより

$$\frac{d\tilde{v}}{dt}+\frac{1}{RC}\tilde{v}=0,\quad \frac{dV_s}{dt}+\frac{1}{RC}V_s=\frac{1}{RC}e(t)$$

が得られ，$v=\tilde{v}+V_s$ が元の微分方程式を満足することは明らかである．一般に

> 右辺＝0 の解 $\tilde{v}$ を余関数または補関数
>
> 右辺≠0 の解 V_s を特解または特別積分

と呼ぶ．また電気回路では $\tilde{v}$ を**過渡解**，V_s を**定常解**と呼ぶ場合が多い．$\tilde{v}$ に関してはすでに学んだように

$$\tilde{v}=ke^{-\frac{t}{RC}}$$

であるから，v は

$$v=ke^{-\frac{t}{RC}}+V_s$$

で表される．

V_s を求めるためには，いくつかの方法があるが，電気回路の場合には $e(t)$ の形として

$$E(\text{定数}),\ e^{\alpha t},\ \sin\omega t,\ \cos\omega t,\ t^n$$

やこれらの積で表される場合がほとんどであるので，ここでは以下に示す解法を用いることにし，例に従って説明する．

ⅰ) $e(t)=E$（定数）

$$\frac{dV_s}{dt}+\frac{1}{RC}V_s=\frac{1}{RC}E$$

7.1　1階微分方程式で表される回路（RC回路とRL回路）

視察により，V_s が定数ならば上式を満足するので $V_s = A$ とおいて，上式に代入すると

$$\frac{1}{RC}A = \frac{1}{RC}E$$

これより $A = E$ となり，解 v は

$$v = ke^{-\frac{t}{RC}} + E$$

となり，$v(0) = V_0$ より

$$v(0) = V_0 = k + E$$

すなわち

$$k = V_0 - E$$

となり

$$v = (V_0 - E)e^{-\frac{t}{RC}} + E$$

が解となり，その概形は図 7.4 のようになる．

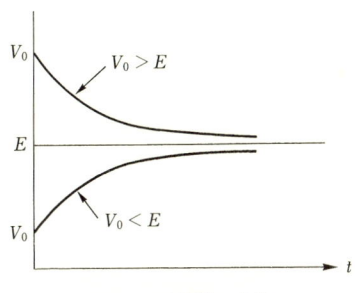

図 7.4　RC 回路の応答

ここでまた V_s として他にもあるのではないかという疑問が生ずるが，先に述べたように他には解はないことがわかっているので，これでよい．要はどんな方法にしろ解が見つかれば，それが唯一の解なのである．

ⅱ）$e(t) = At$ 　（A は定数）

$$\frac{dV_s}{dt} + \frac{1}{RC}V_s = \frac{1}{RC}t$$

前と同じように考えて $V_s = B_1 t$ とおいて，微分方程式に代入してみると

$$B_1 + \frac{B_1}{RC}t = \frac{A}{RC}t$$

となり，上式がすべての t で成立することはない．したがって $V_s = B_1 t$ は不適である．そこで

$$V_s = B_0 + B_1 t$$

とおいて，微分方程式に代入してみると

$$B_1 + \frac{1}{RC}(B_0 + B_1 t) = \frac{A}{RC}t$$

これより，定数項と t の係数から

$$B_1 + \frac{B_0}{RC} = 0, \quad B_1 = A$$

これより

$$B_0 = -RCB_1 = -RCA$$

すなわち

$$V_s = -RCA + At$$

したがって

$$v = \tilde{v} + V_s = ke^{-\frac{t}{RC}} - RCA + At$$

$v(0) = V_0$ とすると

$$V_0 = K - RCA, \quad K = V_0 + RCA$$

よって

$$v(t) = (V_0 + RCA)e^{-\frac{t}{RC}} - RCA + At$$

となる．右辺が t^2 である場合には同様にして

$$V_s = B_0 + B_1 t + B_2 t^2$$

を元の式に代入して B_0, B_1, B_2 を決定すればよい．

ⅲ）$e(t) = e^{\alpha t}$ の場合

この場合の方程式は

$$\frac{dV_s}{dt} + \frac{1}{RC}V_s = \frac{1}{RC}e^{\alpha t}$$

となる．V_s は $e^{\alpha t}$ の形であることは視察によりわかるから，$V_s = Ae^{\alpha t}$ を代入すると

7.1 1階微分方程式で表される回路（RC回路とRL回路）

$$A\alpha e^{\alpha t}+\frac{1}{RC}Ae^{\alpha t}=\left(\alpha+\frac{1}{RC}\right)Ae^{\alpha t}=\frac{1}{RC}e^{\alpha t}$$

$e^{\alpha t}$ は零になることはないので

$$\left(\alpha+\frac{1}{RC}\right)A=\frac{1}{RC}$$

ここで

$$\alpha+\frac{1}{RC}\neq 0$$

ならば

$$A=\frac{1}{\left(\alpha+\frac{1}{RC}\right)RC}=\frac{1}{1+\alpha RC}$$

となり

$$v=Ke^{-\frac{t}{RC}}+\frac{e^{\alpha t}}{1+\alpha RC}$$

$v(0)=V_0$ とすると

$$V_0=K+\frac{1}{1+\alpha RC}$$

となり

$$K=V_0-\frac{1}{1+\alpha RC}$$

よって

$$v=\left(V_0-\frac{1}{1+\alpha RC}\right)e^{-\frac{t}{RC}}+\frac{e^{\alpha t}}{1+\alpha RC}$$

を得る．

次に

$$\alpha+\frac{1}{RC}=0 \quad \text{すなわち} \quad \alpha=-\frac{1}{RC}$$

のときについて考えてみよう[*]．この場合

$$1+\alpha RC=0$$

---

[*] 実際の回路では回路素子の値には必ず誤差があるので，このような場合はありえないが，数学的にはこのような場合も論じる必要がある．

であるので，上の分母が零となり計算できない．先に述べたように V_s は $\tilde{v}$ と同じ形ではないとしたのに，ここでは V_s は $\tilde{v}$ と同じ形をしているから計算できないのである．

そこで
$$V_s = f(t) e^{-\frac{t}{RC}}$$
とおいてみる．
$$\frac{dV_s}{dt} = f'(t) e^{-\frac{t}{RC}} + f(t)\left(-\frac{1}{RC}\right) e^{-\frac{t}{RC}}$$
を元の式に代入してみると
$$\frac{dV_s}{dt} + \frac{1}{RC} V_s = f'(t) e^{-\frac{t}{RC}} - f(t)\frac{1}{RC} e^{-\frac{t}{RC}} + \frac{1}{RC} f(t) e^{-\frac{t}{RC}} = \frac{1}{RC} e^{-\frac{t}{RC}}$$
これより
$$f'(t) = \frac{1}{RC}$$
となり
$$f(t) = \frac{t}{RC} + k_0 \quad (k_0: 任意定数)$$
が求まり，結果的に
$$v = k e^{-\frac{t}{RC}} + \left(\frac{t}{RC} + k_0\right) e^{-\frac{t}{RC}} = (k + k_0) e^{-\frac{t}{RC}} + \frac{t}{RC} e^{-\frac{t}{RC}}$$
k も k_0 も任意定数であるので k_0 は k に含まれてしまい，結果的には
$$v = k e^{-\frac{t}{RC}} + \frac{t}{RC} e^{-\frac{t}{RC}}$$
ここで，$v(0) = V_0$ とすると
$$v(0) = k = V_0$$
よって
$$v = V_0 e^{-\frac{t}{RC}} + \frac{t}{RC} e^{-\frac{t}{RC}}$$
となる．

iv) $e(t) = E_m \sin \omega t$ の場合

この場合にも

7.1 1階微分方程式で表される回路（RC回路とRL回路）

$$V_s = A \sin \omega t$$

とおいて，元の式に代入してみると

$$\omega A \cos \omega t + \frac{1}{RC} A \sin \omega t = \frac{E_m}{RC} \sin \omega t$$

すなわち

$$\omega A \cos \omega t + \frac{1}{RC}(A - E_m) \sin \omega t = 0$$

となるが，上式がすべての t において成立するためには $\cos \omega t$ および $\sin \omega t$ の係数が零でなくてはならないので，上の式は成立しない．そこで

$$V_s = A \sin \omega t + B \cos \omega t$$

とおいて，微分方程式に代入してみると

$$\omega A \cos \omega t - \omega B \sin \omega t + \frac{1}{RC}(A \sin \omega t + B \cos \omega t) = \frac{E_m}{RC} \sin \omega t$$

これより

$$\left(\omega A + \frac{B}{RC}\right) \cos \omega t + \left(-\omega B + \frac{A}{RC} - \frac{E_m}{RC}\right) \sin \omega t = 0$$

上式がすべての t で成立するためには

$$\begin{cases} \omega A + \dfrac{B}{RC} = 0 \\ -\omega B + \dfrac{A}{RC} = \dfrac{E_m}{RC} \end{cases}$$

これを解くと

$$A = \frac{E_m}{1 + \omega^2 C^2 R^2}, \quad B = \frac{-\omega CRE_m}{1 + \omega^2 C^2 R^2}$$

が得られ

$$V_s = \frac{E_m}{1 + \omega^2 C^2 R^2} \sin \omega t - \frac{\omega CRE_m}{1 + \omega^2 C^2 R^2} \cos \omega t$$

$$v = ke^{-\frac{t}{RC}} + \frac{E_m}{1 + \omega^2 C^2 R^2} \sin \omega t - \frac{\omega CRE_m}{1 + \omega^2 C^2 R^2} \cos \omega t$$

$v(0) = V_0$ とすると

$$V_0 = k - \frac{\omega CRE_m}{1 + \omega^2 C^2 R^2}$$

これより

$$k = V_0 + \frac{\omega CRE_m}{1+\omega^2 C^2 R^2}$$

$$v = \left(V_0 + \frac{\omega CRE_m}{1+\omega^2 C^2 R^2}\right) e^{-\frac{t}{RC}} + \frac{E_m}{1+\omega^2 C^2 R^2} \sin \omega t - \frac{\omega CRE_m}{1+\omega^2 C^2 + R^2} \cos \omega t$$

を得る.

$e(t)$ が $\cos \omega t$ の場合にも,同様に

$$V_s = A \sin \omega t + B \cos \omega t$$

とおいて A, B を決めればよい.

次に RC 回路で消費するエネルギーについて考えてみよう. v に関する微分方程式は先に示したように

$$\frac{dv}{dt} + \frac{1}{RC} v = \frac{E}{RC}$$

解は

$$v = k e^{-\frac{t}{RC}} + E$$

最初コンデンサの電圧を零とすると

$$v(0) = 0 = k + E$$

これより $k = -E$ となり,v は

$$v = -E e^{-\frac{t}{RC}} + E$$
$$= E(1 - e^{-\frac{t}{RC}})$$

となる.$t \to \infty$ のときには $v = E$ となり,最終的にはコンデンサの電圧は E となるのでコンデンサに蓄えられるエネルギー W_C は

$$W_C = \frac{1}{2} CE^2$$

で表される.次に R で消費するエネルギー W_R を求めてみよう.

$$i = C \frac{dv}{dt} = C \left(\frac{E}{RC} e^{-\frac{t}{RC}}\right) = \frac{E}{R} e^{-\frac{t}{RC}}$$

であるので,$t=0$ から ∞ までに R で消費するエネルギーは

7.1 1階微分方程式で表される回路（RC回路とRL回路）

$$W_C = \int_0^\infty R \cdot i^2 dt = \int_0^\infty R \frac{E^2}{R^2} \cdot e^{-\frac{2t}{RC}} dt = \frac{E^2}{R} \int_0^\infty e^{-\frac{2t}{RC}} dt = \frac{E^2}{R} \left[-\frac{RC}{2} e^{-\frac{2t}{RC}} \right]_0^\infty$$

$$= \frac{CE^2}{2}(0+1) = \frac{1}{2} CE^2$$

すなわち，コンデンサに蓄えられたエネルギーと等しくなる．これより，$t=0$ から ∞ までの間で R で消費するエネルギーはコンデンサに蓄えられるエネルギーと等しい．

［例題 7.1］ 図 7.5 に示す回路で $t=0$ でスイッチを閉じた．$t \geq 0$ におけるコンデンサの両端の電圧 v に関する微分方程式を立て，その解を求めよ．ただし $t=0$ でコンデンサの電荷は零とする．次に $t \geq 0$ において，R_1 に流れる電流 i を求めよ．

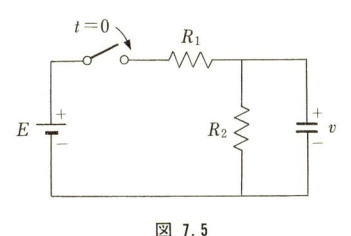

図 7.5

（解）$t \geq 0$ では電圧則より，R_1 に流れる電流を i とすると

$$E = R_1 i + v$$

また R_2 に流れる電流を i_R，C に流れる電流を i_C とすると

$$i_R = \frac{v}{R_2}, \quad i_C = C \frac{dv}{dt}, \quad i = i_R + i_C$$

であるから

$$R_1(i_R + i_C) + v = R_1 \left(\frac{v}{R_2} + C \frac{dv}{dt} \right) + v = E$$

これより

$$R_1 C \frac{dv}{dt} + \frac{R_1 + R_2}{R_2} v = E$$

$$\frac{dv}{dt} + \frac{R_1 + R_2}{R_1 R_2 C} v = \frac{E}{R_1 C}$$

これを解くと

$$v = k e^{-\frac{R_1 + R_2}{R_1 R_2 C} t} + \frac{R_2}{R_1 + R_2} E$$

$t=0$ で $v=0$ であるから

$$k+\frac{R_2}{R_1+R_2}E=0, \quad k=-\frac{R_2}{R_1+R_2}E$$

よって

$$v=\frac{R_2 E}{R_1+R_2}\left(1-e^{-\frac{R_1+R_2}{R_1 R_2 C}t}\right)$$

次に

$$i=i_R+i_C=\frac{v}{R_2}+C\frac{dv}{dt}$$

であり

$$\frac{dv}{dt}=\frac{R_2 E}{R_1+R_2}\cdot\frac{R_1+R_2}{R_1 R_2 C}e^{-\frac{R_1+R_2}{R_1 R_2 C}t}=\frac{E}{R_1 C}e^{-\frac{R_1+R_2}{R_1 R_2 C}t}$$

であるから

$$i=\frac{E}{R_1+R_2}\left(1-e^{-\frac{R_1+R_2}{R_1 R_2 C}t}\right)+\frac{E}{R_1}e^{-\frac{R_1+R_2}{R_1 R_2 C}t}$$
$$=\frac{E}{R_1+R_2}\left(1+\frac{R_2}{R_1}e^{-\frac{R_1+R_2}{R_1 R_2 C}t}\right)$$

7.1.2 RL 回路の性質

図 7.6 に示す回路において $t=0$ でスイッチ SW を閉じた場合について考える．キルヒホッフの法則より，$t\geq 0$ では

$$E=v_R+v_L$$

$$v_R=R\cdot i, \quad v_L=L\frac{di}{dt}$$

であるから

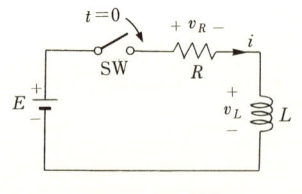

図 7.6 RL 回路

7.1 1階微分方程式で表される回路（RC回路とRL回路）

$$L\frac{di}{dt}+Ri=E, \quad \frac{di}{dt}+\frac{R}{L}i=\frac{E}{L}$$

となり，RC回路の場合とまったく同じであるから
$i=\tilde{i}+I_s$ （$\tilde{i}$：余関数，I_s：特解）

$$\frac{d\tilde{i}}{dt}+\frac{R}{L}\tilde{i}=0$$

$$\frac{dI_s}{dt}+\frac{R}{L}I_s=\frac{E}{L}$$

$\tilde{i}=ke^{st}$ とおくと

$$k\left(s+\frac{R}{L}\right)e^{st}=0$$

より $s=-\dfrac{R}{L}$ となり，I_s は明らかに $\dfrac{E}{R}$ である．よって

$$i=ke^{-\frac{R}{L}t}+\frac{E}{R}$$

$t=0$ をスイッチを閉じたのであるから $t<0$ では $i=0$，i はインダクタンスに流れている電流であるから連続であるので $i(0)=0$ となり

$$i(0)=0=k+\frac{E}{R}$$

$$\therefore \quad k=-\frac{E}{R}$$

解 $i(t)$ は

$$i(t)=-\frac{E}{R}e^{-\frac{R}{L}t}+\frac{E}{R}=\frac{E}{R}\left(1-e^{-\frac{R}{L}t}\right)$$

$i(t)$ の概形は図7.7のようになる．

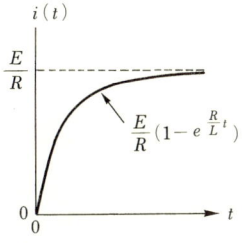

図 7.7 RL回路の電流

［例題 7.2］ 図 7.8 の回路で $t=0$ でスイッチを閉じた $t\geq 0$ における i に関する微分方程式を立て，その解を求めよ．次に $t\geq 0$ における R_1 に流れる電流 i_1 を求めよ．ただし $t=0$ で $i=0$ とする．

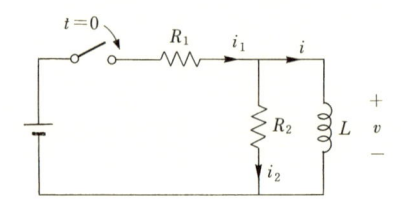

図 7.8 RL 回路

（解） $t\geq 0$ での微分方程式は，R_2 に流れる電流

$$E = R_1 i_1 + v$$

$$v = L\frac{di}{dt}, \quad i_2 = \frac{v}{R_2} = \frac{L}{R_2}\frac{di}{dt}, \quad i_1 = i_2 + i$$

より

$$E = R_1\left(\frac{L}{R_2}\frac{di}{dt} + i\right) + L\frac{di}{dt}$$

$$= L\left(1 + \frac{R_1}{R_2}\right)\frac{di}{dt} + R_1 i$$

整理すると

$$\frac{di}{dt} + \frac{R_1 R_2}{L(R_1 + R_2)} i = \frac{R_2 E}{L(R_1 + R_2)}$$

これを解くと

$$i = k e^{-\frac{R_1 R_2}{L(R_1 + R_2)}t} + \frac{E}{R_1}$$

$t=0$ で $i=0$ より，$k = -\dfrac{E}{R_1}$ となり

$$i = \frac{E}{R_1}\{1 - e^{-\frac{R_1 R_2}{L(R_1 + R_2)}t}\}$$

$$\frac{di}{dt} = \frac{E R_2}{L(R_1 + R_2)} e^{-\frac{R_1 R_2}{L(R_1 + R_2)}t}$$

であるから

$$i_1 = i_2 + i = \frac{L}{R_2}\frac{di}{dt} + i$$

$$= \frac{E}{R_1+R_2}e^{-\frac{R_1R_2}{L(R_1+R_2)}t} + \frac{E}{R_1}\{1 - e^{-\frac{R_1R_2}{L(R_1+R_2)}t}\}$$

$$= \frac{E}{R_1} - \frac{R_2 E}{R_1(R_1+R_2)}e^{-\frac{R_1R_2}{L(R_1+R_2)}t}$$

7.2 RLC 回路の性質

図 7.9 に示す RLC 直列回路において $t=0$ でスイッチを閉じた場合について回路方程式を立ててみよう．キルヒホッフの電流則より

$$i_C + i = 0$$

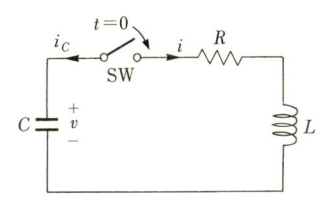

図 7.9 RLC 回路

また電圧則より

$$v = Ri + L\frac{di}{dt}$$

となり，さらに

$$i_C = C\frac{dv}{dt}$$

を最初の電流則の式に代入すると

$$i = -C\frac{dv}{dt}$$

となり，これを電圧則の式に代入すると

$$v = -RC\frac{dv}{dt} - LC\frac{d^2v}{dt^2}$$

すなわち 2 階と 1 階の微分を含む方程式

$$\frac{d^2v}{dt^2}+\frac{R}{L}\frac{dv}{dt}+\frac{1}{LC}v=0$$

を得る．このように最高2階の微係数を含む方程式を2階微分方程式という．またこの例のように係数が定数のものを定数係数2階微分方程式と呼ぶ．上の式を満足する v，すなわち解は1階の場合と同じように考えると，v, dv/dt, d^2v/dt^2 は同じ形の関数でなければならない．このような関数は指数関数であるので，1階の場合と同じように

$$v=ke^{st}$$

とおいて微分方程式に代入して，s を求めればよい．

$$\frac{dv}{dt}=kse^{st}, \quad \frac{d^2v}{dt^2}=ks^2e^{st}$$

をこの微分方程式に代入すると

$$ks^2e^{st}+\frac{R}{L}kse^{st}+\frac{1}{LC}ke^{st}=k\left(s^2+\frac{R}{L}s+\frac{1}{LC}\right)e^{st}=0$$

e^{st} は零となることはないので

$$s^2+\frac{R}{L}s+\frac{1}{LC}=0$$

となる．これを特性方程式といい，これを満足する s は L, C, R の値により3種類に分けられるので，まず数値例で示す．

　i） $L=1[\mathrm{H}]$, $R=11[\Omega]$, $C=0.1[\mathrm{F}]$ の場合

$$\frac{d^2v}{dt^2}+11\frac{dv}{dt}+10v=0$$

解として $v=ke^{st}$（k は任意定数）を元の式に代入すると

$$ks^2e^{st}+11kse^{st}+10ke^{st}=k(s^2+11s+10)e^{st}=k(s+1)(s+10)e^{st}=0$$

e^{st} は零となることはないので，特性根として $s_1=-1$, $s_2=-10$ の2つの異なる実根が得られ

$$k_1e^{-t}, \quad k_2e^{-10t}$$

が解となり，またそれらの和

$$v=k_1e^{-t}+k_2e^{-10t}$$

を元の微分方程式に代入してみると

7.2 RLC回路の性質

$$\frac{dv}{dt} = -k_1 e^{-t} - 10 k_2 e^{-10t}$$

$$\frac{d^2 v}{dt^2} = k_1 e^{-t} + 100 k_2 e^{-10t}$$

より

$$(k_1 e^{-t} + 100 k_2 e^{-10t}) + 11(-k_1 e^{-t} + 10 k_2 e^{-10t}) + 10(k_1 e^{-t} + k_2 e^{-10t})$$
$$= k_1(1 - 11 + 10)e^{-t} + k_2(100 - 110 + 10)e^{-10t} = 0$$

となり

$$v = k_1 e^{-t} + k_2 e^{-10t}$$

は微分方程式の解であることがわかる．この解は2つの任意定数 k_1, k_2 を含んでいる．前に述べた1階の微分方程式の場合は任意定数は1つであり，コンデンサの両端の電圧の初期値，またはインダクタンスに流れる電流の初期値から任意定数を決定することができた．これはコンデンサの電圧およびインダクタンスの電流は連続であるからである．

ここでコンデンサは $t \leq 0$ で 1[V] に充電されているものとし，また $t \leq 0$ ではインダクタンスに電流は流れていないものとすると

$$i(0) = 0$$

また

$$i = -i_C = -C \frac{dv}{dt}$$

であるから

$$\left(\frac{dv}{dt}\right)_{t=0} = 0$$

となり，初期値として $v(0) = 1$, $\left(\frac{dv}{dt}\right)_{t=0} = 0$ が与えられる．

$$v(0) = k_1 e^{-0} + k_2 e^{-0} = k_1 + k_2$$

より

$$v(0) = k_1 + k_2 = 1$$

となり

$$\frac{dv}{dt} = -k_1 e^{-1} - 10 k_2 e^{-10t}$$

より

$$\left(\frac{dv}{dt}\right)_{t=0} = 0 = -k_1 - 10k_2$$

が求まる．すなわち

$$k_1 + k_2 = 1, \quad k_1 + 10k_2 = 0$$

から

$$k_2 = -\frac{1}{9}, \quad k_1 = \frac{10}{9}$$

が求まり，解は

$$v(t) = \frac{10}{9}e^{-t} - \frac{1}{9}e^{-10t}$$

$$\frac{dv}{dt} = -\frac{10}{9}e^{-t} + \frac{10}{9}e^{-10t}$$

$$i = -C\frac{dv}{dt} = 0.1\frac{dv}{dt} = \frac{1}{9}(e^{-t} - e^{-10t})$$

となり，その概形は図 7.10 で示される．

 以上述べたように v に関する 2 階の微分方程式の解を求める場合には $v(0)$ と $(dv/dt)_{t=0} = 0$ の 2 つの初期値が必要であるが，電気回路の場合にはコンデンサの両端の電圧，およびインダクタンスに流れる電流の両初期値から解が定まる．$v(t)$ および $i(t)$ の概形は図 7.10 のようになる．

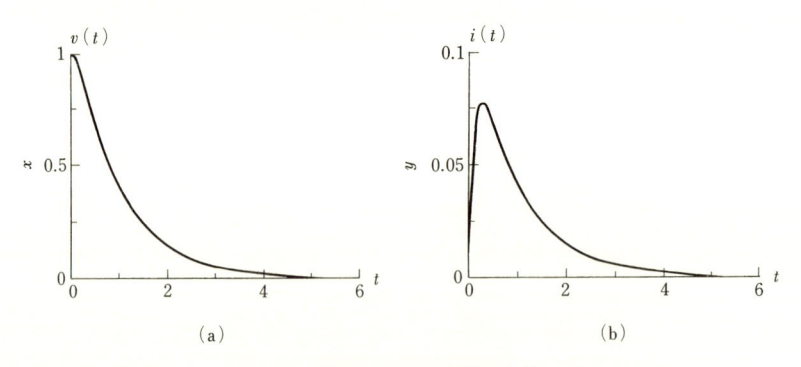

図 7.10　RLC 回路の応答

ⅱ）$L = 1 [\mathrm{H}]$, $R = 2 [\Omega]$, $C = 0.1 [\mathrm{F}]$ の場合

7.2 RLC 回路の性質

微分方程式は

$$\frac{d^2v}{dt^2}+2\frac{dv}{dt}+10v=0$$

解として前と同じように $v=ke^{st}$ を代入すると

$$k(s^2+2s+10)e^{st}=0$$

より

$$s^2+2s+10=0$$

となり，特性根は上の2次式を解くと2つの根（共役複素数根）

$$s_1=-1+3i, \quad s_2=-1-3i$$

ただし i は虚数を表し，$(i)^2=-1$ である．電気回路では i は電流を表すことが多いので，混乱を避けるために虚数の単位として j を用いるのが普通である．すなわち

$$(j)^2=-1$$
$$s_1=-1+j3, \quad s_2=-1-j3$$

となり，解は

$$v=k_1e^{(-1+j3)t}+k_2e^{(-1-j3)t}$$
$$\frac{dv}{dt}=(-1+j3)k_1e^{(-1+j3)t}+(-1-j3)k_2e^{(-1-j3)t}$$

ここで

$$t=0 \text{ で } v=v_0, \quad \frac{dv}{dt}=v_1$$

とすると

$$v=k_1+k_2=v_0$$
$$\left(\frac{dv}{dt}\right)_{t=0}=(-1+j3)k_1-(1+j3)k_2=v_1$$

上の第1式に $(-1+j3)$ を乗じた式と第2式との差をとると，k_1 は消去され

$$(-1+j3)k_2+(1+j3)k_2=(-1+j3)v_0-v_1$$

となる．

これより

$$k_2=\frac{(-1+j3)v_0-v_1}{6j}$$

同様にして

$$k_1 = \frac{(1+3j)v_0 + v_1}{6j}$$

が求まり，v は

$$v = \frac{(1+3j)v_0 + v_1}{6j} e^{(-1+j3)t} + \frac{(-1+3j)v_0 - v_1}{6j} e^{(-1-j3)t}$$

$$= e^{-t}\left[(v_0 + v_1)\frac{(e^{j3t} - e^{-j3})}{3 \times 2j} + v_0 \frac{(e^{j3t} + e^{-j3t})}{2}\right]$$

で表される．ここでオイラーの公式

$$\begin{bmatrix} e^{j\theta} = \cos\theta + j\sin\theta \\ e^{-j\theta} = \cos\theta - j\sin\theta \end{bmatrix} \quad \begin{bmatrix} \cos\theta = \frac{1}{2}(e^{j\theta} + e^{-j\theta}) \\ \sin\theta = \frac{1}{2j}(e^{j\theta} - e^{-j\theta}) \end{bmatrix}$$

を用いると v は

$$v = \frac{1}{3}(v_0 + v_1)e^{-t}\sin 3t + v_0 e^{-t}\cos 3t$$

で表される．すなわち，解は最初複素数の形で表現されていたが，初期値を用いると実数の形で表されることがわかる．

以上のことから，特性根 s_1, s_2 が

$$s_1 = -\alpha + j\beta, \quad s_2 = -\alpha - j\beta$$

の共役複素数であるときには，v として

$$v = k_1 e^{-\alpha t}\cos\beta t + k_2 e^{-\alpha t}\sin\beta t$$

と表してもよいことがわかる．実際には最初から上式のように実数形で表した方が便利な場合が多い．

図 7.9 に示される RLC 直列回路の場合，コンデンサの電圧 v とインダクタンスに流れる電流 i は連続であるから，最初コンデンサが 1V に充電されているとすると $t=0$ で $v=1$, $i = -C(dv/dt) = 0$ より

$$v_0 = 1, \quad v_1 = \left(\frac{dv}{dt}\right)_{t=0} = 0$$

となり，したがって

7.2 RLC 回路の性質

(a)

(b)

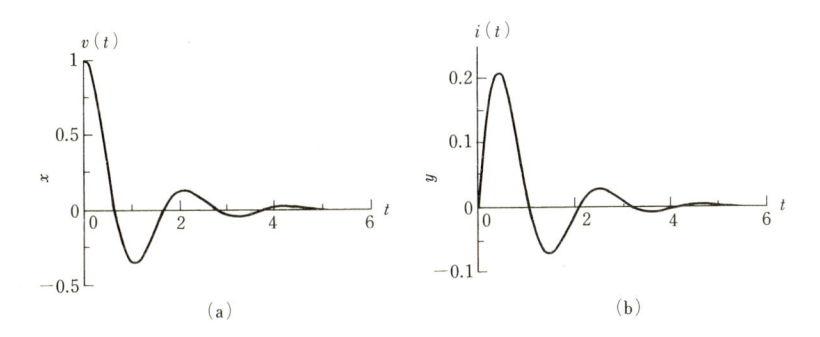

図 7.11

$$v = \frac{1}{3}e^{-t}\sin 3t + e^{-t}\cos 3t,$$

$$i = -C\frac{dv}{dt} = -\frac{1}{10}\left(-\frac{10}{3}e^{-t}\sin 3t\right) = \frac{1}{3}e^{-t}\sin 3t$$

となり,その概形は図 7.11 (a), (b) で示される.

ⅲ) $L=1[\mathrm{H}]$, $R=2\sqrt{10}\,(=6.325)[\Omega]$, $C=0.1[\mathrm{F}]$ の場合

微分方程式は

$$\frac{d^2v}{dt^2} + 2\sqrt{10}\,\frac{dv}{dt} + 10v = 0$$

解として ⅰ), ⅱ) の場合と同じように $v=ke^{st}$ を微分方程式に代入すると

$$k(s^2 + 2\sqrt{10}\,s + 10)e^{st} = 0$$

となり,これより特性根は

$$s_1 = s_2 = -\sqrt{10}$$

すなわち特性方程式は等根をもつことになる.回路の場合,L, C, R の値には必ず誤差があるから,実際にはこのような場合は存在しないので,物理的には意味がないかもしれないが,解の形が ⅰ), ⅱ) の場合とは少し異なってくるので数学的には意味があるので,この場合について説明する.

ここで,いままでと同じように解をおいてみると

$$v = k_1 e^{-\sqrt{10}\,t} + k_2 e^{-\sqrt{10}\,t} = (k_1 + k_2)e^{-\sqrt{10}\,t} = ke^{-\sqrt{10}\,t}$$

となる.k_1, k_2 は任意定数であるから,$k_1 + k_2 = k$ も任意定数となるため,2

つの異なる解は出てこない．そこでもう1つの解としてkをtの関数と考えて
$$v=k(t)e^{-\sqrt{10}\,t}$$
としてみよう．これを微分方程式に代入してみると
$$\frac{dv}{dt}=\frac{dk(t)}{dt}e^{-\sqrt{10}\,t}-\sqrt{10}\,k(t)e^{-\sqrt{10}\,t}=\left[\frac{dk(t)}{dt}-\sqrt{10}\,k(t)\right]e^{-\sqrt{10}\,t}$$
$$\frac{d^2v}{dt^2}=\left[\frac{d^2k(t)}{dt^2}-2\sqrt{10}\,\frac{dk(t)}{dt}+10k(t)\right]e^{-\sqrt{10}\,t}$$
であるから，これらを元の微分方程式に代入すると
$$\left[\left\{\frac{d^2k(t)}{dt^2}-2\sqrt{10}\,\frac{dk(t)}{dt}+10k(t)\right\}+2\sqrt{10}\left\{\frac{dk(t)}{dt}-\sqrt{10}\,k(t)\right\}+10k(t)\right]e^{-\sqrt{10}\,t}$$
$$=\frac{d^2k(t)}{dt^2}e^{-\sqrt{10}\,t}=0$$
となり，$e^{-\sqrt{10}\,t}\neq 0$ であるから
$$\frac{d^2k(t)}{dt^2}=0$$
となり，これを積分すると
$$k(t)=k_2 t+k_3 \quad (k_2, k_3 は任意定数)$$
となり，したがって
$$v=k_1 e^{-\sqrt{10}\,t}+(k_2 t+k_3)e^{-\sqrt{10}\,t}$$
k_3 は k_1 の中に含まれるから，結局，解として
$$v=k_1 e^{-\sqrt{10}\,t}+k_2 t e^{-\sqrt{10}\,t}$$
が得られる．
$$\frac{dv}{dt}=-\sqrt{10}\,k_1 e^{-\sqrt{10}\,t}+k_2 e^{-\sqrt{10}\,t}-\sqrt{10}\,k_2 t e^{-\sqrt{10}\,t}$$
$$=(-\sqrt{10}\,k_1+k_2)e^{-\sqrt{10}\,t}-\sqrt{10}\,k_2 t e^{-\sqrt{10}\,t}$$
となり，$t=0$ で $v=v_0$, $dv/dt=v_1$ とすると
$$v_0=k_1, \quad v_1=(-\sqrt{10}\,k_1+k_2)$$
となり，$k_1=v_0$, $k_2=v_1+\sqrt{10}\,k_1=v_1+\sqrt{10}\,v_0$．したがって，解として（$v_0=1$, $v_1=0$）の場合には

7.2 RLC 回路の性質

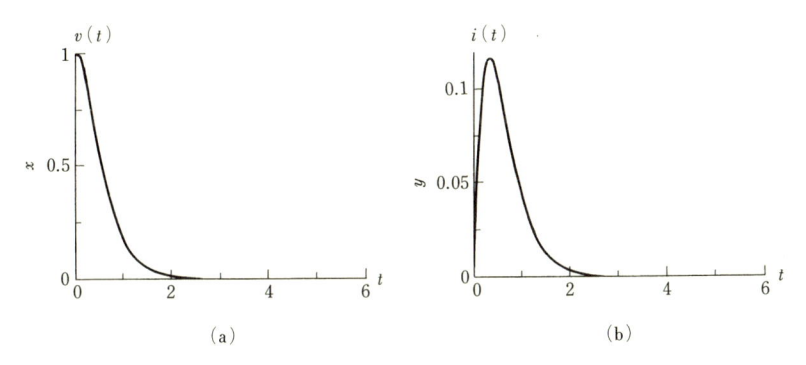

図 7.12

$$v = v_0 e^{-\sqrt{10}\,t} + (v_1 + \sqrt{10}\,v_0)t e^{-\sqrt{10}\,t} = e^{-\sqrt{10}\,t} + \sqrt{10}\,t e^{-\sqrt{10}\,t}$$

$$i = -C\frac{dv}{dt} = -0.1(-\sqrt{10}\,e^{-\sqrt{10}\,t} + \sqrt{10}\,e^{-\sqrt{2}\,t} - \sqrt{10}\,t e^{-\sqrt{10}\,t}) = -t e^{-\sqrt{10}\,t}$$

v, i の概形を図 7.12 に示す.

以上のことから,特性方程式が 2 重根 $-\alpha$ をもつ場合には解は

$$v = k_1 e^{-\alpha t} + k_2 t e^{-\alpha t}$$

の形となることがわかる.

これまで説明したことをまとめると,特性根が

i) 2つの異なる実数 $(-\alpha_1, -\alpha_2)$ のときには

$$v = k_1 e^{-\alpha_1 t} + k_2 e^{-\alpha_2 t}$$

ii) 共役複素数 $(-\alpha \pm j\beta)$ のときには

$$v = k_1 e^{-\alpha t} \cos \beta t + k_2 e^{-\alpha t} \sin \beta t$$

iii) 2つの等しい実数 $(-\alpha)$ のときには

$$v = k_1 e^{-\alpha t} + k_2 t e^{-\alpha t}$$

で表され,特性方程式が2次式(2階微分方程式)の場合にはこれ以外の解はない.

ここで元に戻って RLC 直列回路を取り上げてみると,微分方程式と特性方程式は

$$L\frac{d^2 v}{dt^2} + R\frac{dv}{dt} + \frac{1}{C}v = 0, \quad Ls^2 + Rs + \frac{1}{C} = 0$$

これより

$$s=\frac{1}{2L}\left(-R\pm\sqrt{R^2-\frac{4L}{C}}\right)$$

となり，i），ii），iii）の例のように$L=1[\mathrm{H}]$，$C=0.5[\mathrm{F}]$と一定にした場合，Rの値によって特性根はすでに示したように3つの場合に分けられる．

　i）　$R^2>\dfrac{4L}{C}$　ならば　2つの実根

　ii）　$R^2<\dfrac{4L}{C}$　ならば　互いに共役な2つの複素根

　iii）　$R^2=\dfrac{4L}{C}$　ならば　2つの等根

i）の場合を過減衰状態（図7.10），ii）の場合を振動減衰状態（図7.11），iii）の場合を臨界減衰状態（図7.12）という．

　通常の直流電圧計や電流計は可動コイル形の計器であり，可動コイルの回転角に関する運動方程式は前述のRLC回路の場合と同じように，2階の定数係数微分方程式で表される．もし電流計それ自体に直列に高抵抗を接続して電圧計として用いると電流計の針はいつまでも振動してなかなか停止しない．これは上述の振動減衰の状態にあるからである．早く停止させるためには電流計と並列に比較的小さな値の抵抗を接続すればよい．これは回転によってコイルに生じた起電力により並列抵抗に電流が流れるので損失が生じ，これがRLC回路の抵抗損失に相当する．もし抵抗値が小さ過ぎると過減衰の状態となり，針が最終値まで達するのに長時間を要する．針をなるべく早く停止させるためには臨界減衰状態に近くしておくことが望ましい．また電流計として用いる場合には，そのまま電流計として用いると過減衰の状態となるので直列に抵抗を接続し臨界減衰状態にする必要がある．

[例題7.3]　図7.13に示す回路で$t=0$でスイッチを開いた．$t\geqq0$におけるvに関する微分方程式を立て，これを解き，さらにiを求めよ．

　（解）　キルヒホッフの電流則より

$$i_L+i_R+i_C=0$$

7.2 RLC回路の性質

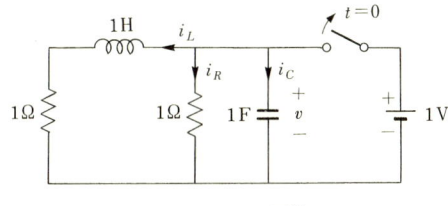

図 7.13 RLC回路

また

$$i_R = \frac{v}{1}, \quad i_C = 1 \cdot \frac{dv}{dt}$$

より

$$i_L = -i_R - i_C = -\frac{dv}{dt} - v \quad \text{より} \quad \frac{di_L}{dt} = -\frac{d^2v}{dt^2} - \frac{dv}{dt}$$

電圧則より

$$1 \cdot \frac{di_L}{dt} + 1 \cdot i_L = v$$

となり，この式に di_L/dt, i_L を代入すると

$$\frac{d^2v}{dt^2} + 2\frac{dv}{dt} + 2v = 0$$

を得る．ここで $v = e^{st}$ を代入すると

$$(s^2 + 2s + 2)e^{st} = 0$$

となり，特性根として

$$s_1 = -1 + j$$
$$s_2 = -1 - j$$

したがって，解は

$$v = k_1 e^{-t} \cos t + k_2 e^{-t} \sin t$$

$$\frac{dv}{dt} = -k_1 e^{-t} \cos t - k_1 e^{-t} \sin t - k_2 e^{-t} \sin t + k_2 e^{-t} \cos t$$

$$= (-k_1 + k_2) e^{-t} \cos t - (k_1 + k_2) e^{-t} \sin t$$

回路より $t=0$ では $v=1_V$ であるから

$$v(0) = k_1 = 1$$

また $t=0$ でインダクタンスに流れている電流 $i_L(0)=1$ であるから

$$\frac{dv}{dt} = -v - i_L \quad \text{より} \quad \left(\frac{dv}{dt}\right)_{t=0} = -v(0) - i_L(0) = -2 = -k_1 + k_2$$

となり，$k_2 = -2+1 = -1$．したがって
$$v = e^{-t}\cos t - e^{-t}\sin t = e^{-t}(\cos t - \sin t)$$
以上説明したように $(dv/dt)_{t=0}$ の値は $v(0)$ と $i_L(0)$ から求めることができる．

7.3 電源を含む RLC 回路

ここでは図 7.14 に示す RLC 直列回路について考える．電圧則より

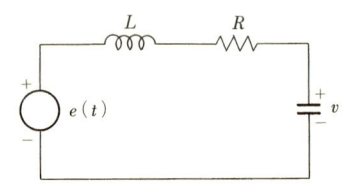

図 7.14 電源を含む RLC 回路

$$L\frac{di}{dt} + Ri + v = e(t)$$

となり

$$i = C\frac{dv}{dt}, \quad \frac{di}{dt} = C\frac{d^2v}{dt^2}$$

より，v に関する微分方程式は

$$LC\frac{d^2v}{dt^2} + RC\frac{dv}{dt} + v = e(t)$$

となる．
　ここで電流 i の方程式について考えてみよう．方程式は電圧則より

$$L\frac{di}{dt} + Ri + \frac{1}{C}\int i\,dt = e(t)$$

となり，両辺を微分すると

$$L\frac{d^2i}{dt^2} + R\frac{di}{dt} + \frac{1}{C}i = \frac{de(t)}{dt}$$

となる．この式の右辺は $e(t)$ を微分したものとなるが，もし $e(t)$ がステップ関数 $u(t)$ ならば，$t>0$ では右辺 $=0$ となり，電圧 v に関する微分方程式とは

7.3 電源を含む RLC 回路

異なるものとなる[*]．また初期値として $i(0)$, $(di/dt)_{t=0}$ の値が必要となる．インダクタンスに流れる電流は連続であるから $i(0)$ は回路の状態から決定できるが di/dt は連続とは限らず，その初期値は別の条件から求めなければならできないので，i に関する方程式を用いることは避けた方がよい．したがって v に関する微分方程式を書き直し

$$\frac{d^2v}{dt^2}+\frac{R}{L}\frac{dv}{dt}+\frac{1}{LC}v=\frac{1}{LC}e(t)$$

について考察する．

1階の場合と同じよう余関数を $\tilde{v}$, 特解を V_s とし

$$v=\tilde{v}+V_s$$

とおき，$\tilde{v}$, V_s はそれぞれ次の式を満足するものとする．

$$\frac{d^2\tilde{v}}{dt^2}+\frac{R}{L}\frac{d\tilde{v}}{dt}+\frac{1}{LC}\tilde{v}=0$$

$$\frac{d^2V_s}{dt^2}+\frac{R}{L}\frac{dV_s}{dt}+\frac{1}{LC}V_s=\frac{1}{LC}e(t)$$

余関数 $\tilde{v}$ についてはすでに学んだので特解 V を求める方法について述べる．

ⅰ) $e(t)=E$（E：定数）の場合

1階の場合とまったく同じように

$$V_s=A \quad \text{（定数）}$$

とおくと

$$\frac{A}{LC}=\frac{E}{LC}$$

となり

$$A=E$$

が得られる．

ⅱ) $e(t)=E_m\sin\omega t$ の場合

$$V_s=A\sin\omega t+B\cos\omega t$$

とおき微分方程式に代入し，両辺の $\sin\omega t$, および $\cos\omega t$ の係数を等しくおくと

---

[*] もう少し高度の数学の概念を用いれば i に関する微分方程式を処理できるが，ここでは省略する．

$$\left(\frac{1}{LC}-\omega^2\right)A-\frac{R}{L}\omega B=\frac{F_m}{LC}$$

$$\frac{R}{L}\omega A+\left(\frac{1}{LC}-\omega^2\right)B=0$$

が得られ，この2つの式から，A, B は次式のようになる．

$$A=\frac{(1-\omega^2 LC)E_m}{(1-\omega^2 LC)^2+\omega^2 C^2 R^2}, \quad B=\frac{-\omega CRE_m}{(1-\omega^2 LC)^2+\omega^2 C^2 R^2}$$

iii) $e(t)=Ee^{\alpha t}$ のとき

$V_s=Ae^{\alpha t}$ とおき，微分方程式に代入すると

$$A\left(\alpha^2+\frac{R}{L}\alpha+\frac{1}{LC}\right)e^{\alpha t}=\frac{E}{LC}e^{\alpha t}$$

$e^{\alpha t}\neq 0$ であるから

$$\alpha^2+\frac{R}{L}\alpha+\frac{1}{LC}\neq 0$$

ならば

$$A=\frac{E}{LC\alpha^2+RC\alpha+1}$$

を得る．回路素子には誤差があるので実際にはありえないのであるが，もし

$$\alpha^2+\frac{R}{L}\alpha+\frac{1}{LC}=0$$

ならば，$e^{\alpha t}$ は余関数 $\bar{v}$ と同じ形となるので，1階のときと同じように

$$V_s=Ate^{\alpha t}$$

とおき，微分方程式に代入すると，$te^{\alpha t}$ の係数は 0 となるので

$$A=\frac{E}{2LC\alpha+RC}$$

となり，さらに特性方程式が2重根 α をもつ場合には $te^{\alpha t}$ も余関数 $\bar{v}$ と同じ形になるので

$$V_s=At^2 e^{\alpha t}$$

とおき微分方程式に代入し，また α は2重根であり

$$\alpha^2+\frac{R}{L}+\frac{1}{LC}=0, \quad \alpha=-\frac{R}{2L}$$

であることから，$t^2 e^{\alpha t}$, $te^{\alpha t}$ の係数は 0 となるので

7.3 電源を含む RLC 回路

$$A = \frac{E}{2LC}$$

となる．

[**例題 7.4**]　図 7.15 に示す回路で $t=0$ でスイッチを閉じた．v に関する微分方程式を立て，解を求めよ．ただし $t=0$ で $v=0$, $i=0$ とする．
　a) $L=1[\text{H}],\ R=3[\Omega],\ C=0.5[\text{F}]$
　b) $L=1[\text{H}],\ R=2[\Omega],\ C=0.5[\text{F}]$
　c) $L=1[\text{H}],\ R=2[\Omega],\ C=1[\text{F}]$

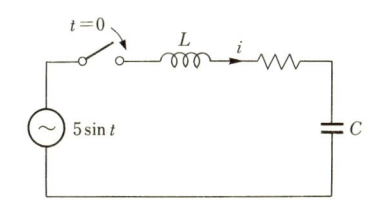

図 7.15　正弦波電源を含む RLC 回路

(**解**)　回路の微分方程式は

$$\frac{d^2v}{dt^2} + \frac{R}{L}\frac{dv}{dt} + \frac{1}{LC}v = \frac{5}{LC}\sin t$$

であるから

　a) $\dfrac{d^2v}{dt^2} + 3\dfrac{dv}{dt} + 2v = 10\sin t$

特性方程式は

$$s^2 + 3s + 2 = (s+1)(s+2) = 0$$

であるから

$$\tilde{v} = k_1 e^{-t} + k_2 e^{-2t}$$
$$V_s = A\sin t + B\cos t$$

とおくと $A=1$, $B=-3$ となり

$$v = k_1 e^{-t} + k_2 e^{-2t} + \sin t - 3\cos t$$
$$\frac{dv}{dt} = -k_1 e^{-t} - 2k_2 e^{-2t} + \cos t + 3\sin t$$

$t=0$ で $v=0$，また $i(0) = 0.5\left(\dfrac{dv}{dt}\right)_{t=0} = 0$ より，$dv/dt = 0$ となるから

$$k_1 + k_2 - 3 = 0,\quad -k_1 - 2k_2 + 1 = 0$$

となり，これより $k_1=5$, $k_2=-2$ が求まり，解は
$$v=5e^{-t}-2e^{-2t}+\sin t-3\cos t$$
となる．

b) 微分方程式は
$$\frac{d^2v}{dt^2}+2\frac{dv}{dt}+2v=10\sin t$$

特性根は
$$s_1=-1+j, \quad s_2=-1-j$$

であるので
$$\bar{v}=k_1e^{-t}\sin t+k_2e^{-t}\cos t$$
$$A=2, \quad B=-4$$

となり
$$v=k_1e^{-t}\sin t+k_2e^{-t}\cos t+2\sin t-4\cos t$$
$$\frac{dv}{dt}=-(k_1+k_2)e^{-t}\sin t+(k_1-k_2)e^{-t}\cos t+2\cos t+4\sin t$$

$t=0$ で $v=0$, $dv/dt=0$ を用いると
$$k_2-4=0, \quad k_1-k_2+2=0$$

より $k_1=2$, $k_2=4$ となり
$$v=2(1+e^{-t})\sin t-4(1-e^{-t})\cos t$$

c) 微分方程式は
$$\frac{d^2v}{dt^2}+2\frac{dv}{dt}+v=5\sin t$$
$$\bar{v}=k_1e^{-t}+k_2te^{-t}$$
$$A=0, \quad B=-\frac{5}{2}$$

より $v=k_1e^{-t}+k_2te^{-t}-\dfrac{5}{2}\cos t$
$$\frac{dv}{dt}=(k_2-k_1)e^{-t}-k_2te^{-t}+\frac{5}{2}\sin t$$

$t=0$ で $v=0$, $dv/dt=0$ より
$$k_1-\frac{5}{2}=0, \quad k_2-k_1=0$$

より $k_1=k_2=\dfrac{5}{2}$．よって
$$v=\frac{5}{2}(e^{-t}+te^{-t}-\cos t)$$

演　習

7.1 図 7.16 に示す回路で，$t=0$ でスイッチを閉じた，$e(t)$ が (a)，(b) の各場合について v に関する微分方程式を立て，解を求めよ．ただし $t=0$ で $v=0$ とする．

(a)　$e(t)=2$ [V]　　(b)　$e(t)=2\cos 2t$ [V]

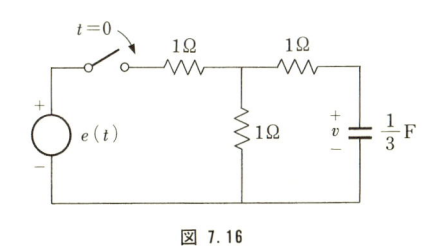

図 7.16

7.2 図 7.17 に示す回路で，$t=0$ でスイッチを閉じた $e(t)$ が (a)，(b) の場合について i に関する微分方程式を立て，解を求めよ．ただし $t=0$ で $i=0$ とする．

(a)　$e(t)=3$ [V]
(b)　$e(t)=3\sin 3t$

図 7.17

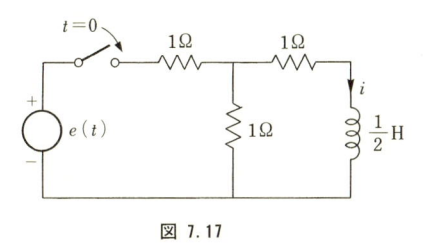

7.3 図 7.18 に示す回路で $t=0$ でスイッチを閉じた．$e(t)$ が (a)，(b) の各場合について v に関する微分方程式を立て，解を求めよ．ただし $t=0$ でコンデンサの両端の電圧 $v=0$ でインダクタンスに流れる電流は $i=0$ とする．

(a)　$e(t)=2$
(b)　$e(t)=3\cos t$

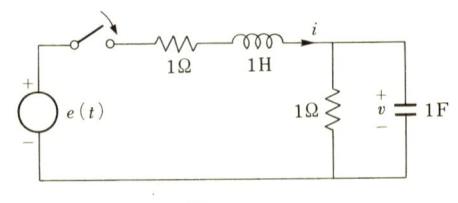

図 7.18

7.4 図 7.19 に示す回路で $t=0$ でスイッチを閉じた.
　(i)　$t \geq 0$ における v に関する微分方程式を立てよ.
　(ii)　$C=1$ [F], $L=\dfrac{1}{6}$ [H], $G=5$ [S], $E=2$ [V] のとき $v(t)$ を求めよ. ただし $t=0$ で $v=1$ とする.

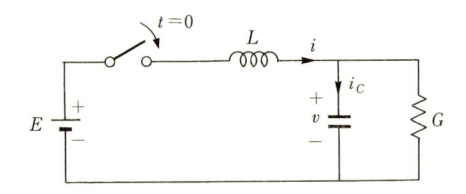

図 7.19

7.5 図 7.20 に示す回路で十分時間が経過した後 $t=0$ でスイッチを開いた.
　(i)　$t \geq 0$ における v に関する微分方程式を立てよ.
　(ii)　$L=1$ [H], $R=2$ [Ω], $C=0.2$ [F], $E=2$ [V] のとき $v(t)$ を求めよ.

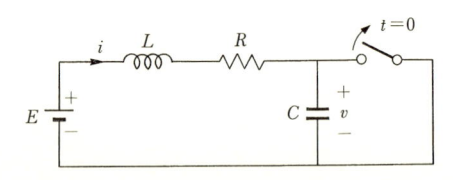

図 7.20

7.6 図 7.21 の回路で十分時間が経過した後 $t=0$ でスイッチを開いた.
　$t \geq 0$ において
　(a)　$r_1=1 Ω,\ r_2=2 Ω$
　(b)　$r_1=2 Ω,\ r_2=1 Ω$

演　習

の各場合について v に関する微分方程式を立て，解を求めよ．

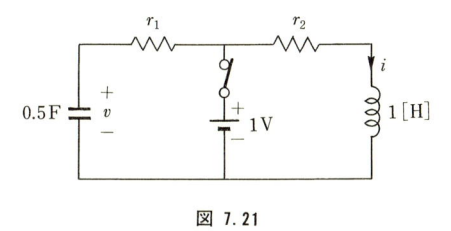

図 7.21

8

正弦波定常状態の解析

この章では正弦波交流電源を含む回路の定常状態の解析法について説明する．この方法はフェーザ（phasor）法と呼ばれ，微分方程式を直接解く場合と比較してきわめて簡単に解析できることを示し，フェーザ法は正弦波交流回路を計算する場合きわめて有効な方法であることを説明する．

8.1 フェーザ法

前章では種々の形の電源を含む回路について解析を行ったが，実用上最も重要であるのは電源が正弦波のときであり，とくに十分時間が経過した後の状態，すなわち定常状態の解のみが必要な場合が多い．そのためには回路の微分方程式の特解だけを求めればよいことになる．

前章では，電源の角周波数を ω としたとき，特解 V を
$$V = A\sin\omega t + B\cos\omega t$$
とおいて，微分方程式に代入し，A, B を求めたが，大変面倒である．本章では正弦波定常状態の解析を複素数の代数計算に置き換えて行うきわめて便利な方法について述べる．この方法は，正弦波を何回微分しても積分してもやはり正弦波であるという性質に着目したものである．

図8.1に示すRLC直列回路を例にとって説明する．回路方程式はすでに前章で示したように，電圧 v を変数にとると
$$LC\frac{d^2v}{dt^2} + RC\frac{dv}{dt} + v = E_m\sin\omega t$$
となるが，この場合には特解（正弦波の定常解）のみを求めればよいのである

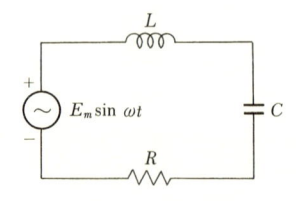

図 8.1 RLC 直列回路

から電流 i を変数に選んでもよい．

$$L\frac{di}{dt}+Ri+\frac{1}{C}\int i dt = E_m \sin \omega t$$

前章に従って特解 I を

$$I = A \sin \omega t + B \cos \omega t$$

とおいて

$$L\frac{dI}{dt}+RI+\frac{1}{C}\int I dt = E_m \sin \omega t$$

に代入し，両辺の $\sin \omega t$ および $\cos \omega t$ の係数を等しくおくことにより A, B を求めればよい．また解として

$$I = I_m \sin(\omega t - \varphi)$$

とおいて，同様に I_m, φ を求めてもよいが，計算は前の方法よりかなり面倒である．しかしながら以下に述べる方法では，この形で表した方が計算が簡単であるので以下この形を用いることにする．

ここで電源 $E_m \sin \omega t$ の代わりに電源として

$$E_m(\cos \omega t + j \sin \omega t) = E_m e^{j\omega t}$$

とおいてみよう．そうすると定常電流 I も

$$I = I_m\{\cos(\omega t - \varphi) + j \sin(\omega t - \varphi)\} = I_m e^{j(\omega t - \varphi)}$$

の形をとるであろう．これより

$$\frac{dI}{dt} = j\omega I_m e^{j(\omega t - \varphi)}, \quad \int I dt = \frac{I_m}{j\omega} e^{j(\omega t - \varphi)}$$

となり，これを微分方程式に代入すると

$$\left(j\omega L + R + \frac{1}{j\omega C}\right) I_m e^{j(\omega t - \varphi)} = E_m e^{j\omega t}$$

となる．いま必要なのは I_m と φ を求めることであるので，上式の両辺に $e^{-j\omega t}$

8.1 フェーザ法

を乗ずると

$$\left(j\omega L + R + \frac{1}{j\omega C}\right) I_m e^{-j\varphi} = E_m$$

となり，これより

$$I_m e^{-j\varphi} = \frac{E_m}{R + j\left(\omega L - \frac{1}{\omega C}\right)} = \frac{R - j\left(\omega L - \frac{1}{\omega C}\right)}{R^2 + \left(\omega L - \frac{1}{\omega C}\right)^2} E_m$$

が得られる．また

$$e^{-j\varphi} = \cos\varphi - j\sin\varphi$$

であるから

$$|I_m e^{-j\varphi}| = I_m |e^{-j\varphi}| = I_m \sqrt{\cos^2\varphi + \sin^2\varphi} = I_m$$

すなわち

$$I_m = \frac{E_m}{\left|R + j\left(\omega L - \frac{1}{\omega C}\right)\right|} = \frac{E_m}{\sqrt{R^2 + \left(\omega L - \frac{1}{\omega C}\right)^2}}$$

が得られ，また

$$e^{-j\varphi} = \cos\varphi - j\sin\varphi = \frac{R - j\left(\omega L - \frac{1}{\omega C}\right)}{R^2 + \left(\omega L - \frac{1}{\omega C}\right)^2} \cdot \frac{E_m}{I_m}$$

となり上式の両辺をみると，右辺の実数部が $\cos\varphi$，虚数部が $-\sin\varphi$ であることがわかる．

$$\tan\varphi = \frac{\sin\varphi}{\cos\varphi}$$

であるから

$$\frac{-\sin\varphi}{\cos\varphi} = -\tan\varphi = \frac{-\left(\omega L - \frac{1}{\omega C}\right)}{R}$$

よって

$$\tan\varphi = \frac{\omega L - \frac{1}{\omega C}}{R}$$

を得る．これまでは電源が $E_m \sin \omega t$ で表される場合について述べたが，電源が $E_m \cos \omega t$ で表される場合でも解として $I = I_m \cos(\omega t - \varphi)$ として考えれば，まったく同じ計算となる．

以上のことから正弦波定常状態の解を求めるためには次のように

電源　$E_m \sin \omega t, (E_m \cos \omega t) \longrightarrow E_m$

電流　$I_m \sin(\omega t - \varphi), (I_m \cos(\omega t - \varphi)) \longrightarrow I_m e^{-j\varphi}$

微分　$\dfrac{d}{dt} \longrightarrow j\omega$

積分　$\displaystyle\int dt \longrightarrow \dfrac{1}{j\omega}$

と置き換え，図 8.1 の回路を図 8.2 に示す回路に置き換え，直流と同じように回路方程式

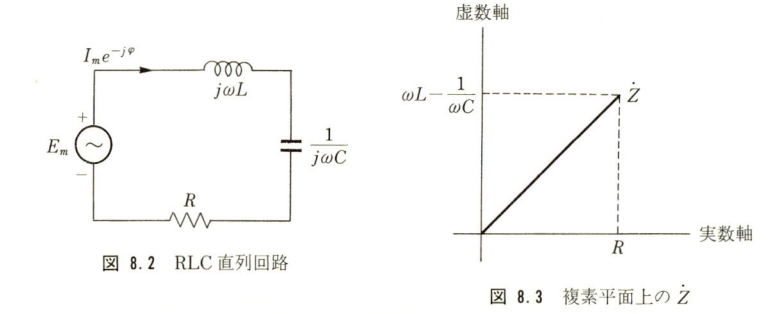

図 8.2　RLC 直列回路

図 8.3　複素平面上の $\dot{Z}$

$$\left(R + j\omega L + \frac{1}{j\omega C} \right) I_m e^{-j\varphi} = E_m$$

を立て，I_m, φ を求めればよいことがわかる．このとき

$$Z = R + j\omega L + \frac{1}{j\omega C} = R + j\left(\omega L - \frac{1}{\omega C} \right)$$

は直流の場合の抵抗に相当し，この Z を RLC 直列回路のインピーダンス (impedance) と呼び，単位はオームである．Z を複素数平面上で表示すると図 8.3 のようになる．

$$Z I_m e^{-j\varphi} = E_m$$

において

8.1 フェーザ法

$$I_m e^{-j\varphi} = \dot{I}_m$$

とおき，Z が複素数であることを明確にするために $\dot{Z}$ と表すと

$$\dot{Z}\dot{I}_m = E_m$$

となり

$$\dot{I}_m = \frac{E_m}{R + j\left(\omega L - \dfrac{1}{\omega C}\right)}, \quad I_m = |\dot{I}_m| = \frac{E_m}{\sqrt{R^2 + \left(\omega L - \dfrac{1}{\omega C}\right)^2}}$$

$$\tan\varphi = \frac{\omega L - \dfrac{1}{\omega C}}{R}$$

と書くこともできる．また電源が $E_m \sin(\omega t - \theta)$ で表される場合には E_m の代わりに $E_m e^{-j\theta} = \dot{E}_m$ とおけば，まったく同じようにして $\dot{I}_m$ は求められる．

以上に述べた解析法はフェーザ法と呼ばれ，交流回路の定常状態の解析に広く用いられることから，この方法を用いた回路理論を交流理論と呼ぶこともある．フェーザ法の計算過程は時間 t に関する計算は含んでおらず電源の振幅 E_m，電流の振幅 I_m，角周波数 ω，位相差 φ との関係のみを表していることから，周波数域解析と呼ぶこともある．

フェーザ法を用いて回路解析を行う場合，直流の場合と同じようにキルヒホッフの法則や5章で述べた諸定理も成り立つ．

フェーザ法は正弦波定常解を求めるための1つの手段であるので，数学的に果たしてこれでよいのであろうかとの疑問もあるが，この解法の妥当性は厳密に証明されている．

インピーダンス $\dot{Z}$ を

$$\dot{Z} = R + jX$$

とするとき，実数部 R をレジスタンス（resistance），虚数部 X をリアクタンス（reactance）と呼び，単位はいずれもオーム [Ω] である．

インピーダンス $\dot{Z}$ の逆数を $\dot{Y}$ で表し

$$\dot{Y} = \frac{1}{\dot{Z}}$$

をアドミタンス（admittance）と呼び

$$\dot{Y} = G + jB$$

とするとき，G をコンダクタンス（conductance）B をサセプタンス（susceptance）と呼び，単位はいずれもジーメンス［S］である．

インピーダンスを図 8.4 (a) に示すように直列接続した場合，全体のイン

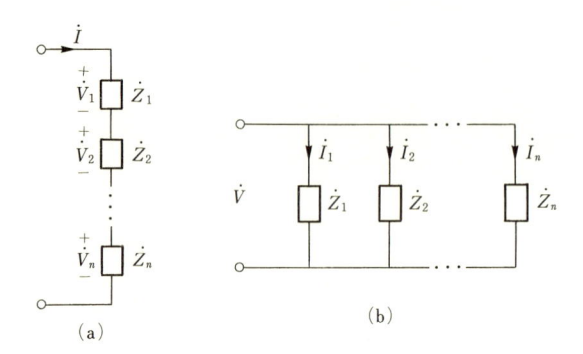

図 8.4 インピーダンスの接続

ピーダンスを $\dot{Z}$ とすると

$$\dot{V} = \dot{Z}_1 \dot{I} + \dot{Z}_2 \dot{I} + \cdots + \dot{Z}_n \dot{I}$$
$$= (\dot{Z}_1 + \dot{Z}_2 + \cdots + \dot{Z}_n) \dot{I} = \dot{Z} \dot{I}$$

より

$$\dot{Z} = \dot{Z}_1 + \dot{Z}_2 + \cdots + \dot{Z}_n$$

となる．図 8.4 (b) に示すように並列接続した全体のインピーダンスを $\dot{Z}$ とすると

$$\dot{I} = \dot{I}_1 + \dot{I}_2 + \cdots + \dot{I}_n$$
$$= \frac{\dot{V}}{\dot{Z}_1} + \frac{\dot{V}}{\dot{Z}_2} + \cdots + \frac{\dot{V}}{\dot{Z}_n}$$
$$= \left(\frac{1}{\dot{Z}_1} + \frac{1}{\dot{Z}_2} + \cdots + \frac{1}{\dot{Z}_n} \right) \dot{V}$$
$$= \frac{1}{\dot{Z}} \dot{V}$$

となり，これより

$$\frac{1}{\dot{Z}} = \frac{1}{\dot{Z}_1} + \frac{1}{\dot{Z}_2} + \cdots + \frac{1}{\dot{Z}_n}$$

の関係が得られる．アドミタンス $\dot{Y}_1, \dot{Y}_2, \cdots, \dot{Y}_n$ の並列接続の場合は全体のア

8.1 フェーザ法

ドミタンス $\dot{Y}$ は

$$\dot{Y} = \dot{Y}_1 + \dot{Y}_2 + \cdots + \dot{Y}_n$$

直列接続の場合,全体のアドミタンス $\dot{Y}$ は

$$\frac{1}{\dot{Y}} = \frac{1}{\dot{Y}_1} + \frac{1}{\dot{Y}_2} + \cdots + \frac{1}{\dot{Y}_n}$$

の関係がある.

[例題 8.1] 図 8.5(a)に示す RC 回路で $\dot{V}_m$ が電源 E_m と同相になるための条件を求め,かつこのときの V_m を求めよ.

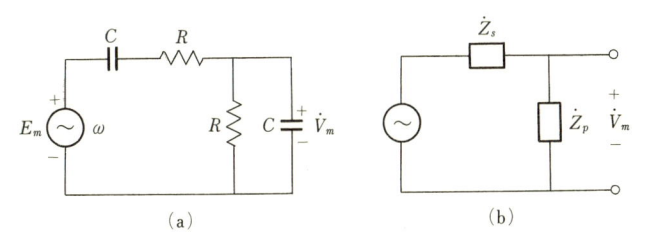

図 8.5 RC 回路

(解) RC 直列回路および並列回路のインピーダンスをそれぞれ $\dot{Z}_s$ および $\dot{Z}_p$ とし

$$Z_s = R + \frac{1}{j\omega C} = \frac{1+j\omega CR}{j\omega C}, \quad Z_p = \frac{1}{\frac{1}{R}+j\omega C} = \frac{R}{1+j\omega CR}$$

これより

$$\dot{V}_m = \frac{\dot{Z}_p}{\dot{Z}_s + \dot{Z}_p} \cdot E_m$$

であるから,$\dot{V}_m$ が E_m と同相になるためには $\dfrac{\dot{Z}_p}{\dot{Z}_s + \dot{Z}_p}$ が実数でなくてはならない.

$$\dot{Z}_s + \dot{Z}_p = \frac{1+j\omega CR}{j\omega C} + \frac{R}{1+j\omega CR} = \frac{j\omega CR + (1+j\omega CR)^2}{j\omega C(1+j\omega CR)} = \frac{1-\omega^2 C^2 R^2 + j3\omega CR}{j\omega C(1+j\omega CR)}$$

$$\frac{\dot{Z}_p}{\dot{Z}_s + \dot{Z}_p} = \frac{j\omega C(1+j\omega CR)}{(1-\omega^2 C^2 R^2)+j3\omega CR} \times \frac{R}{1+j\omega CR} = \frac{j\omega CR}{(1-\omega^2 C^2 R^2)+j3\omega CR}$$

上式が実数となるためには

$$1-\omega^2 C^2 R^2 = 0 \quad \text{すなわち} \quad \omega CR = 1$$

の条件が必要であり,これより $\dot{V}_m$ は

$$\dot{V}_m = \frac{\dot{Z}_p}{\dot{Z}_s + \dot{Z}_p} E_m = \frac{j\omega CR}{j3\omega CR} \cdot E_m = \frac{E_m}{3}$$

[**例題 8.2**]　図 8.6 に示す回路の 1–1′ からみたインピーダンス $\dot{Z}$ を求めよ．また $R^2 = L/C$ のときの $\dot{Z}$ の値を求めよ．

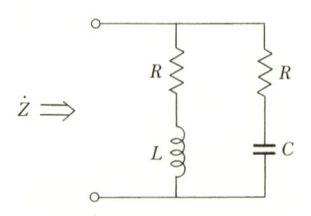

図 8.6　RL・RC 直並列回路

（**解**）　RL 直列回路のインピーダンスは $R + j\omega L$, RC 直列回路のインピーダンスは $R + \dfrac{1}{j\omega C} = \dfrac{1 + j\omega CR}{j\omega C}$ であるから

$$\frac{1}{\dot{Z}} = \frac{1}{R + j\omega L} + \frac{j\omega C}{1 + j\omega CR} = \frac{1 + j\omega CR + j\omega C(R + j\omega L)}{(R + j\omega L)(1 + j\omega CR)}$$

より

$$\dot{Z} = \frac{R(1 - \omega^2 LC) + j\omega(L + CR^2)}{(1 - \omega^2 LC) + j2\omega CR}$$

ここで $R^2 = L/C$ を用いると

$$\dot{Z} = \frac{R(1 - \omega^2 LC) + j\omega(L + CR^2)}{(1 - \omega^2 LC) + j2\omega CR} = \frac{R(1 - \omega^2 LC) + j2\omega CR^2}{(1 - \omega^2 LC) + j2\omega CR}$$
$$= \frac{R\{(1 - \omega^2 LC) + j2\omega CR\}}{(1 - \omega^2 LC) + j2\omega CR} = R$$

これは $\dot{Z}$ はどのような周波数でもRとなることを示している．このような回路を定抵抗回路という．

[**例題 8.3**]　図 8.7 に示す回路において定常状態における $i(t)$ を求めよ．

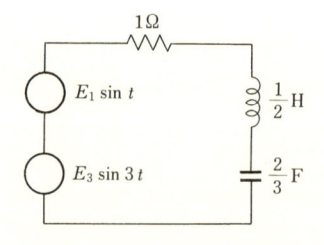

図 8.7　2つの電源をもつ回路

(解) この場合 $\omega=1$ と $\omega=3$ の 2 つの電源を含むので，重ねの理より $\omega=1$ の電源のみがある場合の解 $i_1(t)=I_1\sin(t-\varphi_1)$ と，$\omega=3$ の電源のみがあるときの解 $i_3(t)=I_3\sin(3t-\varphi_3)$ とを別々に求め，$i(t)=i_1(t)+i_3(t)$ を求めればよい．

$$I_1=\frac{E_1}{\sqrt{1^2+\left(\frac{1}{2}-\frac{3}{2}\right)^2}}=\frac{E_1}{\sqrt{2}}, \quad \tan\varphi_1=\frac{\frac{1}{2}-\frac{3}{2}}{1}=-1, \quad \varphi_1=-\frac{\pi}{4}\quad(-45°)$$

$$I_3=\frac{E_3}{\sqrt{1^2+\left(\frac{3}{2}-\frac{1}{2}\right)^2}}=\frac{E_3}{\sqrt{2}}, \quad \tan\varphi_3=\frac{\frac{3}{2}-\frac{1}{2}}{1}=1, \quad \varphi_3=\frac{\pi}{4}\quad(45°)$$

したがって

$$i(t)=\frac{E_1}{\sqrt{2}}\sin\left(t+\frac{\pi}{4}\right)+\frac{E_3}{\sqrt{2}}\sin\left(3t-\frac{\pi}{4}\right)$$

[例題 8.4] 図 8.8 に示す回路で，$\dot{Z}$ に流れる電流 $\dot{I}_z$ が $\dot{Z}$ の値にかかわらず一定になるための条件と，そのときの $\dot{I}_z$ を求めよ．

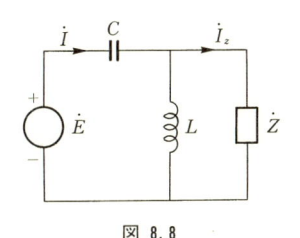

図 8.8

(解) L と $\dot{Z}$ の並列インピーダンスは

$$\frac{1}{\frac{1}{j\omega L}+\frac{1}{\dot{Z}}}=\frac{j\omega L\dot{Z}}{\dot{Z}+j\omega L}$$

これより

$$\dot{I}=\frac{\dot{E}}{\frac{1}{j\omega C}+\frac{j\omega L\dot{Z}}{\dot{Z}+j\omega L}}=\frac{j\omega C(\dot{Z}+j\omega L)}{j\omega C(j\omega L\dot{Z})+\dot{Z}+j\omega L}\dot{E}=\frac{j\omega C(\dot{Z}+j\omega L)}{\dot{Z}(1-\omega^2 LC)+j\omega L}\dot{E}$$

また $\dot{I}_z$ は

$$\dot{I}_z=\frac{j\omega L}{Z+j\omega L}\dot{I}=\frac{j\omega L}{Z+j\omega L}\cdot\frac{j\omega C(\dot{z}+j\omega L)}{\dot{Z}(1-\omega^2 LC)+j\omega L}\dot{E}=\frac{-\omega^2 LC\dot{E}}{Z(1-\omega^2 LC)+j\omega L}$$

106　　　8章　正弦波定常状態の解析

$\dot{I}_z$ が Z の値に無関係となるためには，$1-\omega^2 LC=0$ であればよいから

$$\omega=\frac{1}{\sqrt{LC}} \quad \text{より} \quad \dot{I}_z=j\omega C\dot{E}=j\frac{C}{\sqrt{LC}}\dot{E}=j\sqrt{\frac{C}{L}}\dot{E}$$

[例題 8.5]　図 8.9 に示す回路において定常状態における $i_1(t)$，$i_2(t)$，$i_3(t)$，$i_N(t)$ をフェーザ法を用いて求めよ．また

a)　$R_1=R_2=R_3=R$
b)　$R_1=2R$, $R_2=R_3=R$

のときの $i_N(t)$ を求めよ

$e_1(t)=E_m \sin \omega t$

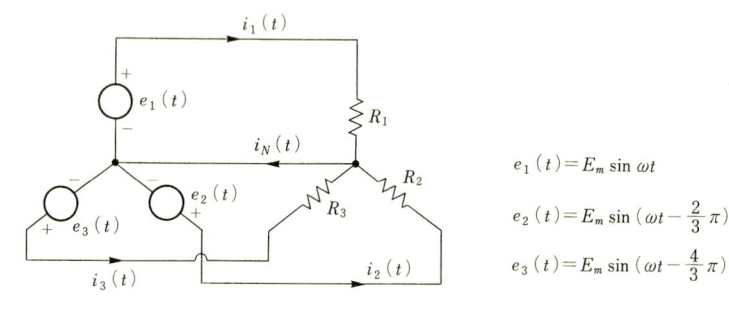

$e_2(t)=E_m \sin (\omega t-\frac{2}{3}\pi)$

$e_3(t)=E_m \sin (\omega t-\frac{4}{3}\pi)$

図 8.9　3 相交流回路

（解）　各電源をフェーザ法で表すと

$$e_1(t) \longrightarrow E_m e^0 = E_m$$
$$e_2(t) \longrightarrow E_m e^{-j\frac{2}{3}\pi} = E_m\left(\cos\frac{2}{3}\pi - j\sin\frac{2}{3}\pi\right) = \frac{E_m}{2}(-1-j\sqrt{3})$$
$$e_3(t) \longrightarrow E_m e^{-j\frac{4}{3}\pi} = E_m\left(\cos\frac{4}{3}\pi - j\sin\frac{4}{3}\pi\right) = \frac{E_m}{2}(-1+j\sqrt{3})$$

となるから

$$i_1(t)=I_1 \sin(\omega t-\varphi_1) \longrightarrow I_1 e^{-j\varphi_1}=\dot{I}_1$$
$$i_2(t)=I_2 \sin(\omega t-\varphi_2) \longrightarrow I_2 e^{-j\varphi_2}=\dot{I}_2$$
$$i_3(t)=I_3 \sin(\omega t-\varphi_3) \longrightarrow I_3 e^{-j\varphi_3}=\dot{I}_3$$

とすると

$$\dot{I}_1=\frac{E_m}{R_1}, \quad \dot{I}_2=\frac{E_m(-1-j\sqrt{3})}{2R_2}, \quad \dot{I}_3=\frac{E_m(-1+j\sqrt{3})}{2R_3}$$

$$\dot{I}_N=\dot{I}_1+\dot{I}_2+\dot{I}_3=E_m\left(\frac{1}{R_1}-\frac{1}{2R_2}-\frac{1}{2R_3}\right)+j\frac{\sqrt{3}E_m}{2}\left(-\frac{1}{R_z}+\frac{1}{R_3}\right)$$

a)　$R_1=R_2=R_3=R$ の場合

$$\dot{I}_N = 0 \longrightarrow i_N(t) = 0$$

b) $R_1 = 2R$, $R_2 = R_3 = R$ の場合

$$\dot{I}_N = -\frac{E_m}{2R} \longrightarrow i_N(t) = -\frac{E_m}{2R}\sin\omega t = -i_1(t)$$

ここで$\dot{I}_1$は$E_m/2R$であるから，$i_1(t)$と$i_N(t)$は振幅が等しく逆相であることがわかる．

以上のように$e_1(t)$, $e_2(t)$, $e_3(t)$ の振幅が等しく，位相が互いに $2\pi/3$ ずつ異なる場合，対称三相交流電源という．

8.2　正弦波定常状態における電力

図 8.10 に示すように，ある回路の両端の電圧 $v(t)$ が

$$v(t) = V_m \sin \omega t$$

で表され，これに流れている電流 $i(t)$ が

$$i(t) = I_m \sin(\omega t - \varphi)$$

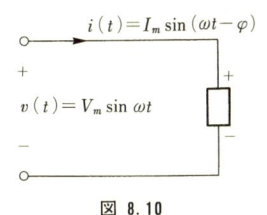

図 8.10

で表されるとすると，この回路に供給されている瞬時電力 $p(t)$ は

$$p(t) = v(t) \cdot i(t) = V_m I_m \sin\omega t \cdot \sin(\omega t - \varphi)$$
$$= \frac{V_m I_m}{2}\{\cos\varphi - \cos(2\omega t - \varphi)\}$$

となる．$p(t)$ は $V_m I_m/2$ の定数と$V_m I_m/2$ の振幅で角周波数が 2ω の正弦波の和になっている．$p(t)$ の正弦波の項は正の部分と負の部分が相殺されて平均的には零となり，結局平均的にみると定数項 $V_m I_m/2$ のみが残ってしまう，実際に回路で消費する電力は $p(t)$ の平均値で表され，これを平均電力 P_a で表すと

$$P_a = \frac{\omega}{2\pi}\int_0^{\frac{2\pi}{\omega}} \frac{V_m I_m}{2}\{\cos\varphi - \cos(2\omega t - \varphi)\}\,dt$$

$$= \frac{V_m I_m}{2}\cos\varphi$$

となり，上述の $p(t)$ の定数項のみが残る．直流の場合と異なり，$\cos\varphi$ が重要な役割を果たすことになる．たとえば φ が $\pi/2$ のときには $\cos\varphi = 0$ となり，平均電力は零となってしまう．この $\cos\varphi$ を力率という．

[例題 8.6] 図 8.11 に示す回路で消費する平均電力 P_a を求めよ．

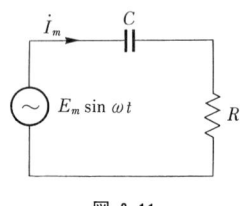

図 8.11

(解) この回路のインピーダンス $\dot{Z}$ は

$$\dot{Z} = R + \frac{1}{j\omega C}$$

$$\dot{I}_m = \frac{E_m}{R - j\frac{1}{\omega C}}, \quad I_m = |\dot{I}_m| = \frac{E_m}{\sqrt{R^2 + \frac{1}{\omega^2 C^2}}}$$

$$\dot{I}_m = \frac{E_m\left(R + j\frac{1}{\omega C}\right)}{R^2 + \frac{1}{\omega^2 C^2}} = I_m e^{-j\varphi} = \frac{E_m}{\sqrt{R^2 + \frac{1}{\omega^2 C^2}}}\left(\frac{R}{\sqrt{R^2 + \frac{1}{\omega^2 C^2}}} + j\frac{\frac{1}{\omega C}}{\sqrt{R^2 + \frac{1}{\omega^2 C^2}}}\right)$$

$$= \frac{E_m}{\sqrt{R^2 + \frac{1}{\omega^2 C^2}}}(\cos\varphi - j\sin\varphi)$$

$$\therefore \quad \cos\varphi = \frac{R}{\sqrt{R^2 + \frac{1}{\omega^2 C^2}}}, \quad \sin\varphi = \frac{\frac{1}{\omega C}}{\sqrt{R^2 + \frac{1}{\omega^2 C^2}}},$$

8.2 正弦波定常状態における電力

$$P_a = \frac{E_m I_m}{2}\cos\varphi = \frac{E_m^2}{2\sqrt{R^2 + \dfrac{1}{\omega^2 C^2}}} \cdot \frac{R}{\sqrt{R^2 + \dfrac{1}{\omega^2 C^2}}} = \frac{R E_m^2}{2\left(R^2 + \dfrac{1}{\omega^2 C^2}\right)}$$

これまではフェーザ法を用いて $I_m = |\dot{I}_m|$, $\cos\varphi$ を計算し，これより P_a を求めたが，フェーザ法を用いて直接平均電力を求めてみよう．電圧を $\dot{V}_m = V_m$，電流を $\dot{I}_m = I_m e^{-j\varphi}$ とし，$\dot{V}_m^*$ および $\dot{I}_m^*$ をそれぞれ $\dot{V}_m$ および $\dot{I}_m$ の共役複素数とすると

$$V_m = V_m, \quad I_m^* = I_m(\cos\varphi + j\sin\varphi) = I_m e^{j\varphi}$$

であるから

$$\dot{V}_m \dot{I}_m^* = V_m I_m e^{j\varphi} = V_m I_m(\cos\varphi + j\sin\varphi)$$
$$\dot{V}_m^* \dot{I}_m = V_m I_m e^{-j\varphi} = V_m I_m(\cos\varphi - j\sin\varphi)$$

$P_a = \dfrac{1}{2} V_m I_m \cos\varphi$ であるから

$$P_a = \frac{1}{2}\mathrm{Re}(\dot{V}_m \dot{I}_m^*) = \frac{1}{2}\mathrm{Re}(\dot{V}_m^* \dot{I}_m) \quad (\mathrm{Re}(\dot{A}) は A の実数部の意味)$$

また

$$\dot{V}_m \dot{I}_m^* + \dot{V}_m^* \dot{I}_m = 2 V_m I_m \cos\varphi$$

であるから

$$P_a = \frac{1}{4}(\dot{V}_m \dot{I}_m^* + \dot{V}_m^* \cdot \dot{I}_m)$$

と表すことができる．

[例題 8.7] 図 8.12 に示すように内部インピーダンスが $\dot{Z}$ の電源に負荷インピーダンス $\dot{Z}_L$ を接続したとき $\dot{Z}_L$ で消費する電力 P_a が最大となるための条件とそのときの電力 P_a を求めよ．

$\dot{Z} = R + jX$
$\dot{Z}_L = R_L + jX_L$

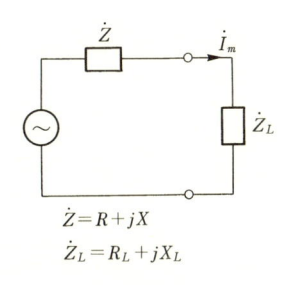

図 8.12

(**解**) 負荷に流れる電流を $\dot{I}_m$ とすると

$$\dot{I}_m = \frac{\dot{E}_m}{\dot{Z}+\dot{Z}_L} = \frac{\dot{E}_m}{(R+R_L)+j(X+X_L)} = \frac{E_m[(R+R_L)-j(X+X_L)]}{(R+R_L)^2+(X+X_L)^2}$$

$\dot{Z}_L$ の両端の電圧 $\dot{V}_m$ は

$$\dot{V}_m = \dot{Z}_L \dot{I}_m = \frac{(R_L+jX_L)\dot{E}_m}{(R+R_L)+j(X+X_L)}$$

$$P_a = \frac{1}{2}\mathrm{Re}(\dot{V}_m \dot{I}_m) = \frac{E_m^2}{2}\mathrm{Re}\left\{\frac{(R_L+jX_L)}{(R+R_L)+j(X+X_L)} \times \frac{(R+R_L)+j(X+X_L)}{(R+R_L)^2+(X+X_L)^2}\right\}$$

$$= \frac{E_m^2}{2}\mathrm{Re}\left\{\frac{R_L+jX_L}{(R+R_L)^2+(X+X_L)^2}\right\} = \frac{E_m^2}{2}\cdot\frac{R_L}{(R+R_L)^2+(X+X_L)^2}$$

P_a が最大となるためには，その逆数が最小とゝなればよいから

$$\frac{1}{P_a} = \frac{2}{E_m^2}\cdot\frac{(R+R_L)^2+(X+X_L)^2}{R_L} = \frac{2}{E_m^2}\cdot\frac{(R^2-2R\cdot R_L+R_L^2+4RR_L)+(X+X_L)^2}{R_L}$$

$$= \frac{2}{E_m^2}\cdot\left\{\frac{(R-R_L)^2+4RR_L+(X+X_L)^2}{R_L}\right\}$$

$$= \frac{2}{E_m^2}\cdot\left\{\frac{(R-R_L)^2}{R_L}+4R+\frac{(X+X_L)^2}{R_L}\right\}$$

これが最小となるのは，$R_L=R$, $X_L=-X$ のときであり

$$P_a = \frac{E_m^2}{8R}$$

すなわち，$\dot{Z}_L=R-jX=\overline{\dot{Z}}$ のとき P_a が最大となる．

[**例題 8.8**] 図 8.13 に示す回路で消費する電力を求めよ．

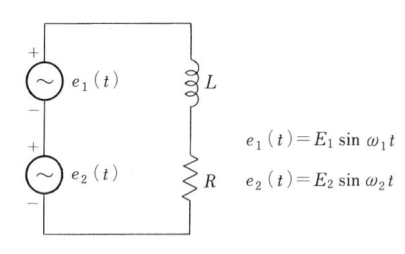

$e_1(t)=E_1\sin\omega_1 t$
$e_2(t)=E_2\sin\omega_2 t$

図 8.13 2つの異なる周波数をもつ電源を含む回路の電力

(**解**) 例題 8.3 と同じように重ねの理を用いて $e_1(t)$ のみがあるときの電流 $i_1(t)$ と $e_2(t)$ のみがあるときの電流 $i_2(t)$ を求めると $i(t)=i_1(t)+i_2(t)$ となる．まず

$$i_1(t)=I_1\sin(\omega_1 t-\varphi_1)$$

$$i_2(t) = I_2 \sin(\omega_2 t - \varphi_2)$$

とすると，瞬時電力 $p(t)$ は

$$\begin{aligned}
P(t) &= e(t) \cdot i(t) = \{E_1 \sin \omega_1 t + E_2 \sin \omega_2 t\}\{I_1 \sin(\omega_1 t + \varphi_1) + I_2 \sin(\omega_2 t - \varphi_2)\} \\
&= E_1 I_1 \sin \omega_1 t \cdot \sin(\omega_1 t - \varphi_1) + E_2 I_2 \sin \omega_2 t \cdot \sin(\omega_2 t - \varphi_2) \\
&\quad + E_1 I_2 \sin \omega_1 t \cdot \sin(\omega_2 t - \varphi_2) + E_2 I_1 \sin \omega_2 t \cdot \sin(\omega_1 t - \varphi_1) \\
&= \frac{E_1 I_1}{2}\{\cos \varphi_1 - \cos(2\omega_1 t - \varphi_1)\} + \frac{E_2 I_2}{2}\{\cos \varphi_2 - \cos(2\omega_2 t - \varphi_2)\} \\
&\quad + \frac{E_1 I_2}{2}[\cos\{(\omega_1 - \omega_2)t + \varphi_2\} - \cos\{(\omega_1 + \omega_2)t - \varphi_2\}] \\
&\quad + \frac{E_2 I_1}{2}[\cos\{(\omega_2 - \omega_1)t + \varphi_1\} - \cos\{(\omega_1 + \omega_2)t - \varphi_1\}]
\end{aligned}$$

となる．平均電力 P_a は $p(t)$ の平均値であるから，上式の中で正弦波の項は平均すると零となり，結局 P_a は

$$P_a = \frac{E_1 I_1}{2} \cos \varphi_1 + \frac{E_2 I_2}{2} \cos \varphi_2 = \frac{RE_1^2}{2(R^2 + \omega_1^2 L^2)} + \frac{RE_2^2}{2(R^2 + \omega_2^2 L^2)}$$

以上のことから，異なる2つの周波数の電源を回路に接続した場合，平均電力はそれぞれ別々に励振したときに消費する電力の和となることを示している．この性質は異なる周波数の電源が何個あっても同様である．

8.3　交流電圧・電流の実効値

　直流の場合には，その電圧・（電流）の値が一定で単位はボルト（アンペア）であるが，交流の場合には電圧（電流）が時間的に変化するので，電圧（電流）の値を表すのにどのようにしたらよいのであろうか．正弦波の場合，その振幅で表すのも1つの方法であるが，交流の場合，直流と同じ仕事をするとき，同じ値の電圧（電流）と決めるのが妥当であろう．

　そこで $R\,[\Omega]$ の抵抗に I アンペアの電流を流したとすると，その消費電力 P_d は $R \cdot I^2$ ワットである．次に正弦波交流電流

$$I_m \sin \omega t$$

を $R\,[\Omega]$ の抵抗に流したとすると，その消費電力 P_a はすでに学んだように $R \cdot I_m^2 \sin^2 \omega t$ の定数部分となり

$$P_a = \frac{R I_m^2}{2}$$

で表される．ここで $P_d = P_a$ となるためには

$$R \cdot I = \frac{RI_m^2}{2}$$

より $I = I_m/\sqrt{2}$ となる．つまり，振幅が $1[\mathrm{A}]$ の正弦波電流は直流の $1/\sqrt{2}$ アンペアの仕事しかしないことになる．上の I を実効値と呼ぶ．正弦波電圧についても同じで，振幅 V_m の正弦波電圧の実効値 V は $V_m/\sqrt{2}$ となる．通常の家庭には 50 Hz（または 60 Hz），100 V の交流電圧が供給されているが，電圧の振幅値は $100 \times \sqrt{2} = 141$ V あることになる．

先に示した平均電力 P_a は実効値を用いると

$$P_a = \frac{1}{2} V_m I_m \cos\varphi = VI \cos\varphi$$

$$= \mathrm{Re}(\dot{V}\dot{I}^*) = \mathrm{Re}(\dot{V}^*\dot{I}) = \frac{1}{2}(\dot{V}^*\dot{I} + \dot{V}\dot{I}^*)$$

で表される．

[例題 8.9] 図 8.14 に示す回路で消費する電力を求めよ．

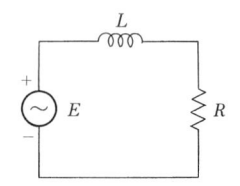

図 8.14　RL 回路の電力

（解）回路のインピーダンス $\dot{Z}$ は

$$\dot{Z} = R + j\omega L$$

回路に流れる電流 $\dot{I}$ は

$$\dot{I} = \frac{E}{R + j\omega L} = \frac{R - j\omega L}{R^2 + \omega^2 L^2} E$$

$$P_a = \mathrm{Re}(\dot{E}\dot{I}^*)$$

であるから

$$P_a = \mathrm{Re}(\dot{E} \cdot \dot{I}) = \mathrm{Re}\left(E \cdot \frac{R - j\omega L}{R^2 + \omega^2 L^2} \cdot \dot{E}\right)$$

8.3 交流電圧・電流の実効値

いま $\dot{E}$ を実数と考えると，$\dot{E}=E$ であるから

$$P_a = \frac{R\boldsymbol{E}^2}{R^2+\omega^2 L^2}$$

一方この回路では R でしか電力を消費しないから $P_a=RI^2$ であることを考えると $I^2=\dfrac{\boldsymbol{E}^2}{R^2+\omega^2 L^2}$ より P_a が簡単に求められる．

[例題 8.10] 電流 $i(t)=I_1 \sin\omega_1 t + I_2 \cos\omega_2 t$ の実効値を求めよ．

(解) $\omega_1 \neq \omega_2$ とすると $1\,[\Omega]$ の抵抗に $i(t)$ を流すとき抵抗で消費する電力 P_a は

$$P_a = \frac{I_1^2}{2} + \frac{I_2^2}{2}$$

$$P_a = \frac{I_1^2}{2} + \frac{I_2^2}{2} = \boldsymbol{I}_1^2 + \boldsymbol{I}_2^2 \quad \left(\boldsymbol{I}_1 = \frac{I_1}{\sqrt{2}} \quad \boldsymbol{I}_2 = \frac{I_2}{\sqrt{2}}\right)$$

$\boldsymbol{I}_1, \boldsymbol{I}_2$ は $I_1\sin\omega_1 t,\ I_2\cos\omega_2 t$ の実効値である．同じ電力を消費する直流電流 I を実効値としたのであるから

$$\boldsymbol{I}^2 = \boldsymbol{I}_1^2 + \boldsymbol{I}_2^2$$

となる．この性質は多くの正弦波を含む電流電圧の場合にも成り立ち $\boldsymbol{I}_1, \boldsymbol{I}_2, \cdots, \boldsymbol{I}_n$ をそれぞれの実効値とすると全体の実効値 $\boldsymbol{I}$ は

$$\boldsymbol{I} = \sqrt{\boldsymbol{I}_1^2 + \boldsymbol{I}_2^2 + \cdots + \boldsymbol{I}_n^2}$$

次に $\omega_1=\omega_2=\omega$ の場合には

$$i^2(t) = (I_1\sin\omega t + I_2\cos\omega t)^2 = I_1^2 \sin^2\omega t + I_2^2 \cos^2\omega t + 2I_1 I_2 \sin\omega t \cos\omega t$$

$$= \frac{1}{2}(I_1^2+I_2^2) - \frac{1}{2}I_1^2 \cos\omega t - \frac{1}{2}I_2^2 \cos\omega t + I_1 I_2 \sin 2\omega t$$

となるから，$1\,[\Omega]$ の抵抗に流したとき消費する電力 P_a は $i^2(t)$ の定数項となるので

$$P_a = \frac{I_1^2 + I_2^2}{2} = \boldsymbol{I}_1^2 + \boldsymbol{I}_2^2$$

したがって $\boldsymbol{I} = \sqrt{\boldsymbol{I}_1^2 + \boldsymbol{I}_2^2}$

もし $i(t) = I_1 \sin\omega t + I_2 \sin(\omega t - \varphi)$ ならば

$$i_1^2(t) = I_1^2 \sin^2\omega t + I_2^2 \sin^2(\omega t - \varphi) + 2I_1 I_2 \sin\omega t \cdot \sin(\omega t - \varphi)$$

$$= \frac{I_1^2}{2}(1-\cos\omega t) + \frac{I_2^2}{2}\cos[1-\cos 2(\omega t - \varphi)]$$

$$+ I_1 I_2 \{\cos\varphi - \cos(2\omega t - \varphi)\}$$

となり，定数部分が電力であるから

$$P_a = \frac{I_1^2}{2} + \frac{I_2^2}{2} + I_1 I_2 \cos\varphi$$

実効値を I とすると

$$I^2 = \frac{I_1^2}{2} + \frac{I_2^2}{2} + I_1 I_2 \cos\varphi$$

$I_1 = \dfrac{I_1}{\sqrt{2}}$, $I_2 = \dfrac{I_2}{\sqrt{2}}$ とすると

$$I^2 = I_1^2 + I_2^2 + 2I_1 I_2 \cos\varphi$$

となり

$$I = \sqrt{I_1^2 + I_2^2 + 2I_1 \cdot I_2 \cos\varphi}$$

[例題 8.11]　図 8.15 に示す回路において，電流計 A_1, A_2, A_3 の読み I_1, I_2, I_3 と R から $\dot{Z}$ で消費する電力を求めよ．ただし，電流計の内部抵抗は 0 とする．

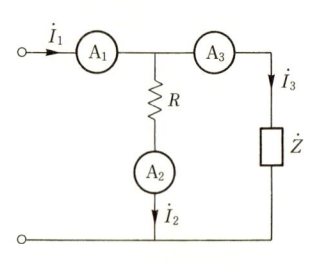

図 8.15　電力測定回路

（解）　$\dot{Z}$ の両端の電圧を $\dot{V}$ とすると，$\dot{Z}$ で消費する電力 P_a は

$$P_a = \frac{1}{2}(\dot{V}\dot{I}_3^* + \dot{V}^*\dot{I}_3)$$

であり，また $\dot{I}_3 = \dot{I}_1 - \dot{I}_2$, $\dot{V} = R\dot{I}_2$, $\dot{I}_2\dot{I}_2^* = I_2^2$ であるから

$$P_a = \frac{1}{2}[R\dot{I}_2(\dot{I}_1 - \dot{I}_2)^* + R\dot{I}_2^*(\dot{I}_1 - \dot{I}_2)] = \frac{R}{2}(\dot{I}_2\dot{I}_1^* + \dot{I}_2^*\dot{I}_1 - 2I_2^2)$$

また

$$\dot{I}_3\dot{I}_3^* = I_3^2 = (\dot{I}_1 - \dot{I}_2)(\dot{I}_1 - \dot{I}_2)^* = \dot{I}_1\dot{I}_1^* + \dot{I}_2\dot{I}_2^* - \dot{I}_2\dot{I}_1^* - \dot{I}_1\dot{I}_2^*$$
$$= I_1^2 + I_2^2 - \dot{I}_2\dot{I}_1^* - \dot{I}_2^*\dot{I}_1$$

より $\dot{I}_1^*\dot{I}_2 + \dot{I}_1\dot{I}_2^* = I_1^2 + I_2^2 - I_3^2$ となり

$$P_a = \frac{R}{2}(I_1^2 - I_2^2 - I_3^2 - 2I_2^2) = \frac{R}{2}(I_1^2 - I_2^2 - I_3^2)$$

8.4 ベクトル軌跡

これまで，交流回路の定常状態を表すために電圧，電流，インピーダンス，アドミタンスを複素数で表示してきた．ここで電源の周波数や回路素子の値を変えた場合，インピーダンス，アドミタンス，ある部分に流れる電流や，両端の電圧の値が複素数面上でどのように変化するかを調べることは重要である．これらを複素平面上のベクトルと考え，このベクトルの先端が描く軌跡をベクトル軌跡という．例として RC 直列回路のインピーダンス $\dot{Z}$ について考えてみよう．

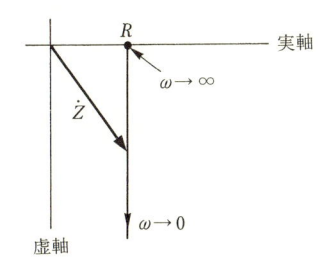

図 8.16 RC 直列回路の $\dot{Z}$ のベクトル軌跡

$$\dot{Z} = R + \frac{1}{j\omega C} = R - j\frac{1}{\omega C}$$

であるから，ω を変えたときのベクトル軌跡は図 8.16 のようになる．次に RC 直列回路のアドミタンス $\dot{Y}$ について考えてみる．

$$\dot{Y} = \frac{1}{R - j\dfrac{1}{\omega C}} = \frac{R + j\dfrac{1}{\omega C}}{R^2 + \dfrac{1}{\omega^2 C^2}}$$

$\dot{Y}$ の実部を x, 虚部を y とおくと

$$x = \frac{R}{R^2 + \dfrac{1}{\omega^2 C^2}}, \quad y = \frac{\dfrac{1}{\omega C}}{R^2 + \dfrac{1}{\omega^2 C^2}}$$

となり

$$x^2+y^2=\frac{R^2+\dfrac{1}{\omega^2C^2}}{\left(R^2+\dfrac{1}{\omega^2C^2}\right)^2}=\frac{1}{R^2+\dfrac{1}{\omega^2C^2}}=\frac{x}{R}$$

であるから

$$x^2-\frac{x}{R}+\frac{1}{4R^2}+y^2=\frac{1}{4R^2}$$

すなわち

$$\left(x-\frac{1}{2R}\right)^2+y^2=\frac{1}{4R^2}$$

より，$(1/2R,\ 0)$ を中心とし半径 $1/2R$ の円となり，$\dot{Y}$ の実部虚部とも正であるから，ベクトル軌跡は図 8.17 に示される半円となる．

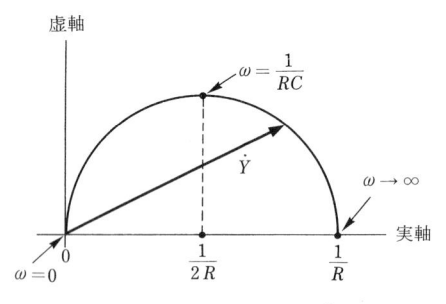

図 8.17 RC 直列回路の $\dot{Y}$ のベクトル軌跡

［例題 8.12］ RL 直列回路で，ω を変えたときのアドミタンス $\dot{Y}$ のベクトル軌跡を描け．

（解） $\dot{Y}=\dfrac{1}{R+j\omega L}=\dfrac{R-j\omega L}{R^2+\omega^2L^2}=\dfrac{R}{R^2+\omega^2L^2}-j\dfrac{\omega L}{R^2+\omega^2L^2}$

実部を x，虚部を y とおくと

図 8.18 のグラフ

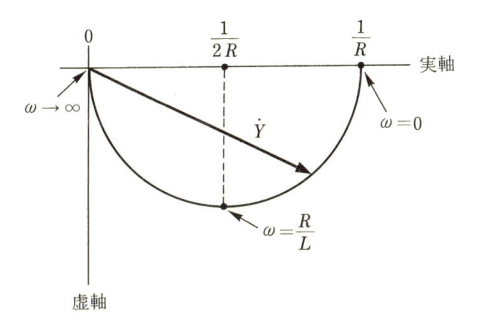

図 8.18 RL 直列回路のアドミタンスのベクトル軌跡

$$x^2+y^2=\frac{R^2+\omega^2L^2}{(R^2+\omega^2L^2)^2}=\frac{1}{R^2+\omega^2L^2}=\frac{x}{R}$$

よって

$$x^2-\frac{x}{R}+\frac{1}{4R^2}+y^2=\frac{1}{4R^2}$$

$$\left(x-\frac{1}{2R}\right)^2+y^2=\frac{1}{4R^2}$$

$\dot{Y}$ の実部は正，虚数部は負であるので，ベクトル軌跡は図 8.18 に示される．

8.5 共振回路

これまでに RLC 直列回路について学んできたが，そのインピーダンス $\dot{Z}$ は

$$\dot{Z}=R+j\omega L+\frac{1}{j\omega C}=R+j\left(\omega L-\frac{1}{\omega C}\right)$$

であり，流れる電流 $\dot{I}$ は電圧源の電圧（実効値）を 1 [V] とすると

$$\dot{I}=\frac{1}{R+j\left(\omega L-\frac{1}{\omega C}\right)}=\frac{R-j\left(\omega L-\frac{1}{\omega C}\right)}{R^2+\left(\omega L-\frac{1}{\omega C}\right)^2}$$

$\dot{I}$ の実数部を x，虚数部を y とすると

$$x^2+y^2=\frac{R^2+\left(\omega L-\dfrac{1}{\omega C}\right)^2}{\left[R^2+\left(\omega L-\dfrac{1}{\omega C}\right)^2\right]^2}=\frac{1}{R^2+\left(\omega L-\dfrac{1}{\omega C}\right)^2}=\frac{x}{R}$$

これより

$$\left(x-\frac{1}{2R}\right)^2+y^2=\frac{1}{4R^2}$$

となり，ベクトル軌跡は図8.19に示すように円で表される．$|\dot{I}|$ が最大になるのは $\omega L=1/\omega C$ すなわち $\omega=1/\sqrt{LC}$ のときでありまた $\omega=\omega_1$ および $\omega=\omega_2$ のときには $|\dot{I}|$ は最大値の $1/\sqrt{2}$ となることがわかる．また $|\dot{I}|$ と ω の関係は図8.20に示される．このように $\dot{Z}$ の虚数部がある角周波数 ω_0 で零となり，

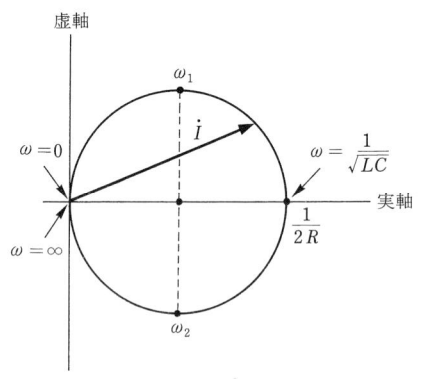

図 8.19 電流 $\dot{I}$ のベクトル軌跡

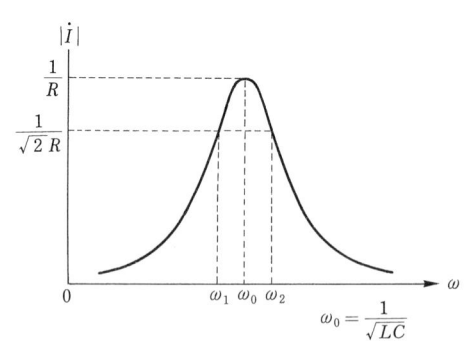

図 8.20 直列回路

流れる電流 $|\dot{I}|$ が最大となるような現象を共振現象と呼び，また ω_0 を共振角周波数，図 8.20 で示される曲線を共振曲線という．

ここで $\dot{Z}$ を書き直すと

$$\dot{Z} = R + j\left(\omega L - \frac{1}{\omega C}\right) = R\left\{1 + j\frac{\omega L}{R}\left(1 - \frac{1}{\omega^2 LC}\right)\right\}$$

となり，$\omega_0 = 1/\sqrt{LC}$ とすると

$$\dot{Z} = R\left\{1 + j\frac{\omega_0 L}{R}\left(\frac{\omega}{\omega_0} - \frac{\omega_0}{\omega}\right)\right\} = R\left\{1 + jQ\left(\frac{\omega}{\omega_0} - \frac{\omega_0}{\omega}\right)\right\}$$

ただし $Q = \dfrac{\omega_0 L}{R} = \dfrac{1}{\omega_0 RC}$

これより

$$|\dot{I}| = \frac{1}{R\sqrt{1 + jQ\left(\dfrac{\omega}{\omega_0} - \dfrac{\omega_0}{\omega}\right)}}$$

が得られる．$|\dot{I}|$ が最大となるのは $\dfrac{\omega}{\omega_0} = \dfrac{\omega_0}{\omega}$ のときで $|\dot{I}| = 1/R$ となり，$|\dot{I}|$ が最大値の $1/\sqrt{2}$ になるのは $Q\left(\dfrac{\omega}{\omega_0} - \dfrac{\omega_0}{\omega}\right) = \pm 1$ のときであるから

$$\frac{\omega_1}{\omega_0} - \frac{\omega_0}{\omega_1} = -\frac{1}{Q}, \quad \frac{\omega_2}{\omega_0} - \frac{\omega_0}{\omega_2} = \frac{1}{Q} \quad (\omega_1 > \omega_2)$$

となり上の両式の和および差をとると

$$\frac{\omega_1 + \omega_2}{\omega_0} = \frac{\omega_0(\omega_1 + \omega_2)}{\omega_1 \omega_2}, \quad \frac{\omega_2 - \omega_1}{\omega_0} + \frac{\omega_0(\omega_2 - \omega_1)}{\omega_1 \omega_2} = \frac{2}{Q}$$

の関係が得られ，これより

$$\omega_1 \omega_2 = \omega_0^2, \quad Q = \frac{\omega_0}{\omega_2 - \omega_1}$$

を得る．別の見方をすると Q は共振角周波数 ω_0 と，$|\dot{I}|$ の最大値の $1/\sqrt{2}$ 以上になる角周波数の幅（半値幅）との比で表されることになる．

ここで RLC 直列共振回路においてコンデンサおよびインダクタンスの両端の電圧をそれぞれ $\dot{V}_C$，$\dot{V}_L$ を求めてみよう．電圧源の電圧を E とすると，回路に流れる電流 $\dot{I}$ は

$$\dot{I} = \frac{E}{R + j\left(\omega L - \dfrac{1}{\omega C}\right)}$$

したがって，$\dot{V}_C$, $\dot{V}_L$ は

$$\dot{V}_C = \frac{\dot{I}}{j\omega C} = \frac{E}{j\omega C\left\{R + j\left(\omega L - \dfrac{1}{\omega C}\right)\right\}} = \frac{E}{j\omega CR - (\omega^2 LC - 1)}$$

$$= \frac{(1 - \omega^2 LC) - j\omega CR}{(\omega^2 LC - 1)^2 + \omega^2 C^2 R^2} E$$

共振しているときには $\omega^2 LC - 1 = 0$ であるから，このときの ω を ω_0 とすると

$$\dot{V}_C = -j\frac{E}{\omega_0 CR} = -jQE$$

同様にして

$$\dot{V}_L = j\omega L \dot{I} = \frac{\left(\omega^2 L^2 - \dfrac{L}{C}\right) + j\omega LR}{R^2 + \left(\omega L - \dfrac{1}{\omega C}\right)^2} E$$

共振しているときには $\omega L - \dfrac{1}{\omega C} = 0$ であるから

$$\dot{V}_L = j\frac{\omega_0 L}{R} E = jQE$$

以上のことより RLC 直列回路において共振時の C および L の両端の電圧は，電源電圧 E の Q 倍となることがわかる．

[例題 8.13] $E = 1\,[\text{V}]$, $R = 10\,[\Omega]$, $L = 10^{-2}\,[\text{H}]$, $C = 10^{-8}\,[\text{F}]$ の RLC 直列回路の共振角周波数 ω_0 と，共振時に流れる電流 $\dot{I}$ と L および C の両端の電圧 $\dot{V}_L$, $\dot{V}_C$ を求め，次に半値幅を求めよ．

(**解**) 共振角周波数 ω_0 は

$$\omega_0 = \frac{1}{\sqrt{LC}} = \frac{1}{\sqrt{10^{-2} \cdot 10^{-8}}} = 10^5$$

このとき流れる電流 $\dot{I}$ は

$$\dot{I} = \frac{E}{R} = 0.1\,\text{A}$$

演 習

$$Q = \frac{\omega_0 L}{R} = \frac{10^5 \cdot 10^{-2}}{10} = 100$$

したがって

$$\dot{V}_L = jQE = j\,100 \qquad |\dot{V}_L| = 100 \text{ V}$$
$$\dot{V}_C = -jQE = -j\,100 \qquad |\dot{V}_C| = 100 \text{ V}$$

すなわち $|\dot{V}_L|$, $|\dot{V}_C|$ は電源電圧の 100 倍となる.

演 習

8.1 図 8.21 に示す回路において
 (a) $\dot{Z}_1$, $\dot{Z}_2$ を求めよ.
 (b) $\dot{Z}_1$ と $\dot{Z}_2$ を直列接続した回路のインピーダンス $\dot{Z}$ を求めよ.

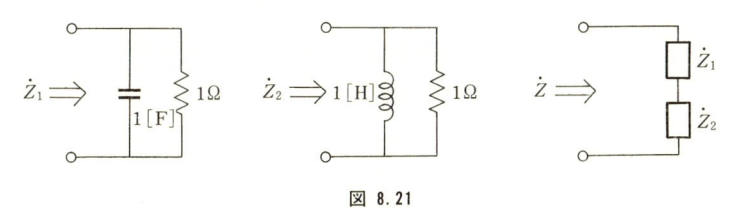

図 8.21

8.2 図 8.22 に示す回路において
 (a) $\dot{Z}_1$, $\dot{Z}_2$ を求めよ.
 (b) $\dot{Z}_1$ と $\dot{Z}_2$ を並列接続した場合のインピーダンス $\dot{Z}$ を求めよ.

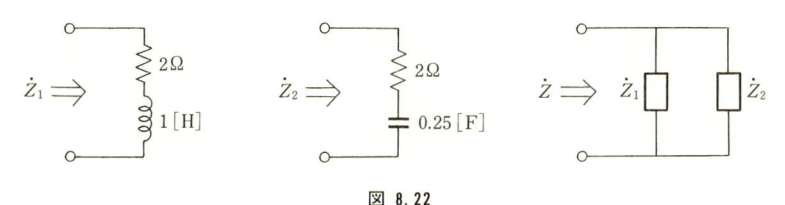

図 8.22

8.3 図 8.23 の回路において
 (i) 端子対 a-b からみたインピーダンス $\dot{Z}$ を求めよ.
 (ii) a-b 間に角周波数 ω, 振幅 E_m の正弦波交流電圧源を接続した場合回路に流れる電流が電圧源と同相になるための ω を求め, このとき回路に流れる電流の振幅 I_m を求めよ.

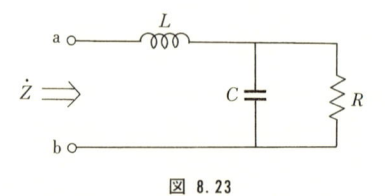

図 8.23

8.4 図 8.24 に示す回路において
(ⅰ) a-b 間からみたインピーダンス $\dot{Z}$ を求めよ．
(ⅱ) a-b 間に角周波数 ω，振幅 E_m の正弦波交流電圧源を接続したとき，回路に流れる電流が電圧源と同相になるための ω とそのときの電流の振幅 I_m を求めよ．

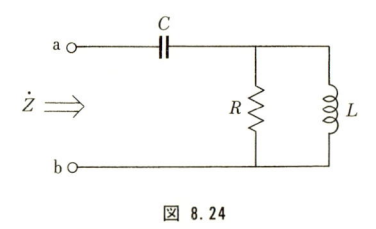

図 8.24

8.5 図 8.25 に示す回路で
(ⅰ) a-b からみたインピーダンス $\dot{Z}$ を求めよ．
(ⅱ) $\dot{E}$ と $\dot{I}$ が同相になるための条件を求め，このときの $\dot{I}$ を求めよ．

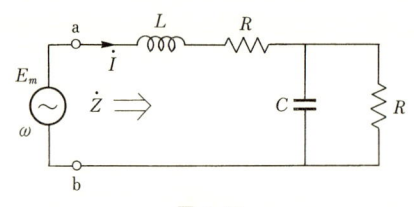

図 8.25

8.6 図8.26に示す回路で$\dot{V_1}$と$\dot{V_2}$の位相差が$\dfrac{\pi}{2}$でかつ，$|\dot{V_1}|=|\dot{V_2}|$であるための条件を求めよ．

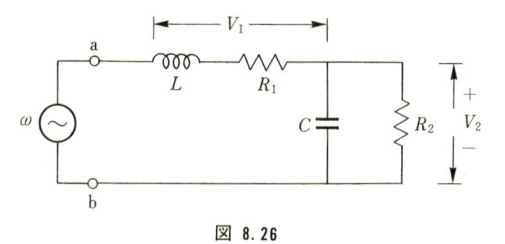

図 8.26

8.7 図8.27の回路で$\dot{Z}$の値にかかわらず$\dot{V_z}$が一定になるための条件とそのときの$\dot{V_z}$を求めよ．

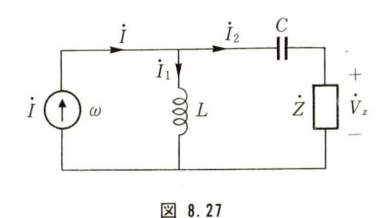

図 8.27

8.8 図8.28の回路で$\dot{V}$か$\dot{E}$と同相になるための条件を求め，そのときの$\dot{V}$を求めよ．

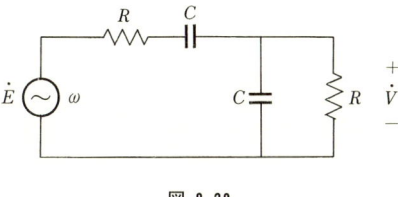

図 8.28

8.9 図 8.29 の回路において
 (ⅰ) $\dot{V}$ を求めよ．
 (ⅱ) $\dot{V}$ と $\dot{E}$ の位相の差が $\pi/2$ であるための条件を求めよ．
 (ⅲ) $\dot{V}$ と $\dot{E}$ の位相の差が $\pi/4$ であるための条件を求めよ．
 (ⅳ) ω を変化させたときの $\dot{V}$ のベクトル軌跡を描け．

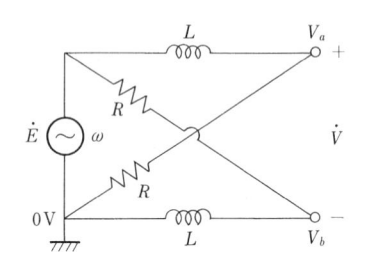

図 8.29

8.10 図 8.30 に示す回路で
 (ⅰ) $\dot{V}$ を求めよ．
 (ⅱ) $\dot{V}$ と $\dot{E}$ の位相差が $\pi/2$ であるための条件を求めよ．
 (ⅲ) $\dot{V}$ と $\dot{E}$ の位相差が $\pi/4$ であるための条件を求めよ．
 (ⅳ) ω を変化させたときの $\dot{V}$ のベクトル軌跡を描け．

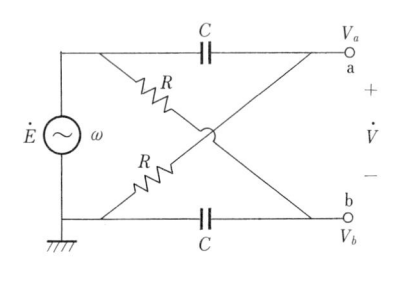

図 8.30

8.11 図 8.31 に示す回路の定常状態での $i(t)$ を求めよ．次に R で消費する電力を求めよ．

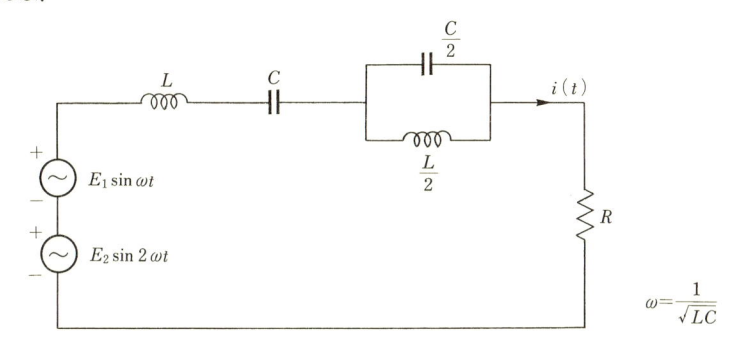

図 8.31

$$\omega = \frac{1}{\sqrt{LC}}$$

8.12 図 8.32 に示すように，3 個の電圧計（内部抵抗無限大で実行値を測定）を用いて $\dot{Z}$ で消費する電力を測定できることを示せ．

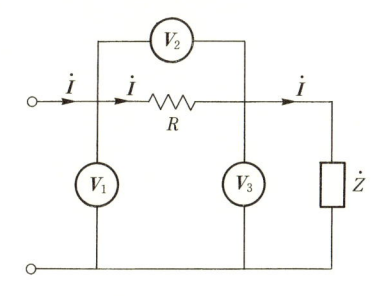

図 8.32

演 習 解 答

1.1 各節点から流出する電流を正にとると

n_2 については　　$-i_2-i_5-i_6-i_{10}=0$

n_3 については　　$-i_3+i_6+i_7-i_9=0$

n_4 については　　$i_4-i_7+i_8+i_{10}=0$

n_5 については　　$-i_1+i_2+i_3-i_4=0$

したがって接続行列 A は

$$A = \begin{array}{c} {\scriptstyle n\;\; b} \\ 2 \\ 3 \\ 4 \\ 5 \end{array} \begin{array}{c} {\scriptstyle 1\;\;\;\; 2\;\;\;\; 3\;\;\;\; 4\;\;\;\; 5\;\;\;\; 6\;\;\;\; 7\;\;\;\; 8\;\;\;\; 9\;\;\; 10} \\ \left[\begin{array}{cccccccccc} 0 & -1 & 0 & 0 & -1 & -1 & 0 & 0 & 0 & -1 \\ 0 & 0 & -1 & 0 & 0 & 1 & 1 & 0 & 1 & 0 \\ 0 & 0 & 0 & 1 & 0 & 0 & -1 & 1 & 0 & 1 \\ -1 & 1 & 1 & -1 & 0 & 0 & 0 & 0 & 0 & 0 \end{array}\right] \end{array}$$

1.2 l_1 については　　$v_{b1}+v_{b8}+v_{b5}-v_{b6}+v_{b7}=0$

l_2 については　　$-v_{b2}-v_{b9}-v_{b5}-v_{b8}=0$

l_3 については　　$-v_{b3}+v_{b1}+v_{b8}+v_{b4}+v_{b6}+v_{b9}=0$

l_4 については　　$-v_{b4}+v_{b5}-v_{b6}=0$

したがって，閉路行列 B は

$$B = \begin{array}{c} \\ l_1 \\ l_2 \\ l_3 \\ l_4 \end{array} \begin{array}{c} {\scriptstyle b_1\;\;\; b_2\;\;\; b_3\;\;\; b_4\;\;\; b_5\;\;\; b_6\;\;\; b_7\;\;\; b_8\;\;\; b_9} \\ \left[\begin{array}{ccccccccc} 1 & 0 & 0 & 0 & 1 & -1 & 1 & 1 & 0 \\ 0 & -1 & 0 & 0 & -1 & 0 & 0 & -1 & -1 \\ 1 & 0 & -1 & 1 & 0 & 1 & 0 & 1 & 1 \\ 0 & 0 & 0 & -1 & 1 & -1 & 0 & 0 & 0 \end{array}\right] \end{array}$$

2.1

$$\frac{1}{R} = \frac{1}{r_1+r_2}+\frac{1}{r_3+r_4}+\frac{1}{r_5+r_6} = \frac{(r_3+r_4)(r_5+r_6)+(r_1+r_2)(r_5+r_6)+(r_1+r_2)(r_3+r_4)}{(r_1+r_2)(r_3+r_4)(r_5+r_6)}$$

より R を求めればよい。$r_1 \sim r_6$ がすべて r であるときには

$$\frac{1}{R}=\frac{(2r)^2\times 3}{(2r)^3}=\frac{4r^2\times 3}{8r^3}=\frac{3}{2r}$$

したがって $R = \dfrac{2r}{3}$.

2.2 r_1 と r_2 および r_3, r_4 を並列接続した場合の抵抗を R', R'' とすると

$$\frac{1}{R'} = \frac{1}{r_1} + \frac{1}{r_2} = \frac{r_1 + r_2}{r_1 \cdot r_2}, \quad R' = \frac{r_1 r_2}{r_1 + r_2}$$

$$\frac{1}{R''} = \frac{1}{r_3} + \frac{1}{r_4} = \frac{r_3 + r_4}{r_3 \cdot r_4}, \quad R'' = \frac{r_3 r_4}{r_3 + r_4}$$

$R = R' + R''$ であるから

$$R = \frac{r_1 r_2}{r_1 + r_2} + \frac{r_3 r_4}{r_3 + r_4}$$

$r_1 \sim r_4$ がすべて r であるときには

$$R = \frac{r^2}{2r} + \frac{r^2}{2r} = \frac{r}{2} + \frac{r}{2} = r$$

2.3 $P(t)$ は図1に示されるので,その平均値 P_a は

$$P_a = \frac{1}{T}\left[\frac{T}{3}\left(\frac{E_1}{r}\right)^2 \cdot r + \frac{2T}{3}\left(\frac{-E_2}{r}\right)^2 \cdot r\right] = \frac{1}{3r}[E_1^2 + 2E_2^2] \quad [\text{W}]$$

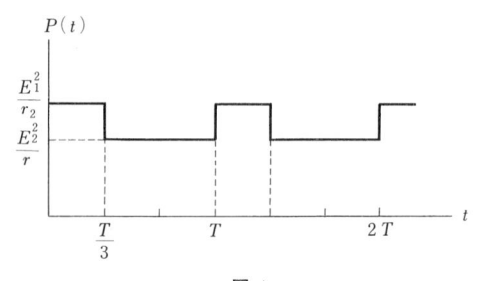

図 1

2.4 $i^2(t)$ は図2で示されるので 2Ω の抵抗に $i(t)$ を流したときの平均電力 P_a は

$$P_a = \frac{1}{T}\left[2 \cdot 1^2 \cdot \frac{T}{4} + 2 \cdot 2^2 \cdot \frac{T}{4} + 2 \cdot 3^2 \cdot \frac{T}{4}\right]$$

$$= \frac{1}{2} + 2 + \frac{9}{2} = 7 \quad [\text{W}]$$

演習解答

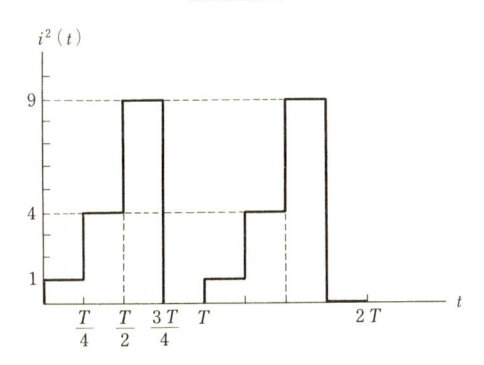

図 2

2.5 $i^2(t)$ の波形は図3に示されるようになり，$i^2(t)$ の平均値は三角形の面積となる．したがって r で消費する平均電力 P_a は

$$P_a = \frac{1}{T} r \cdot \frac{T^2}{2} = \frac{rT}{2} \quad [\text{W}]$$

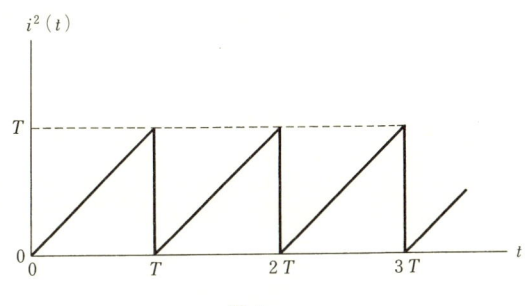

図 3

3.1 図4に示されるような変換を繰り返せばよい.

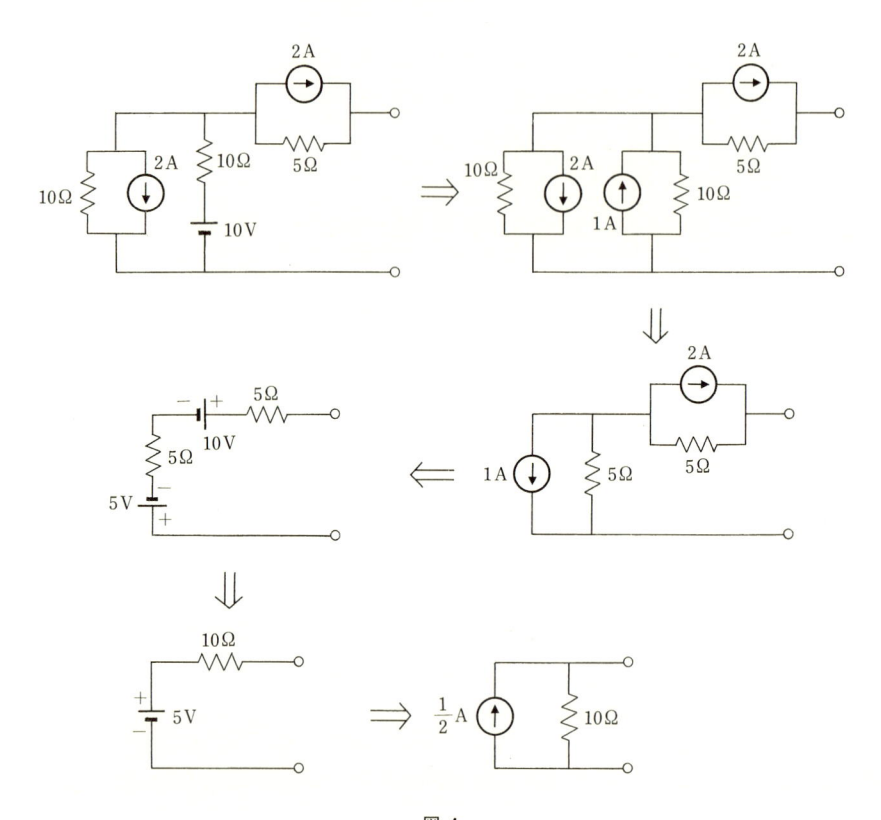

図 4

3.2 ヒントに従って, 電源回路を図5のように変換すると, 例題2.3より $R=2\Omega$ のとき消費電力は最大となり

$$P=\frac{R \cdot I^2}{4}=\frac{1}{4}\times 2\times 2^2 = 2 \quad [\text{W}]$$

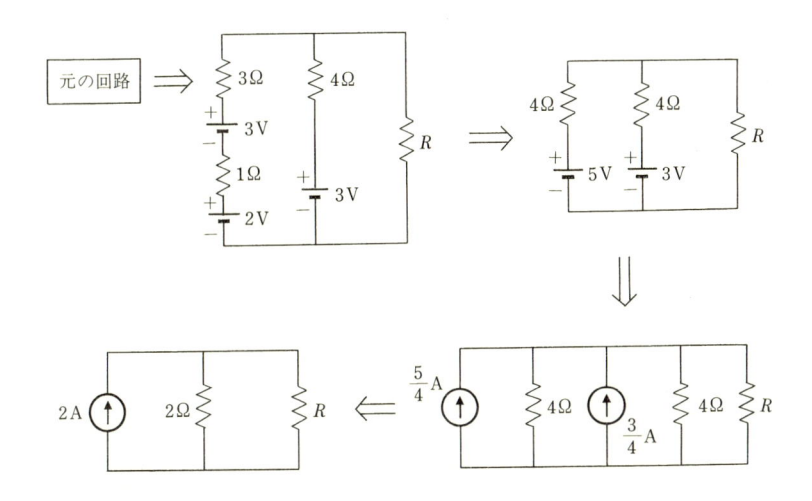

図 5

3.3 図 3.19 の回路は図 6 のように変換される.

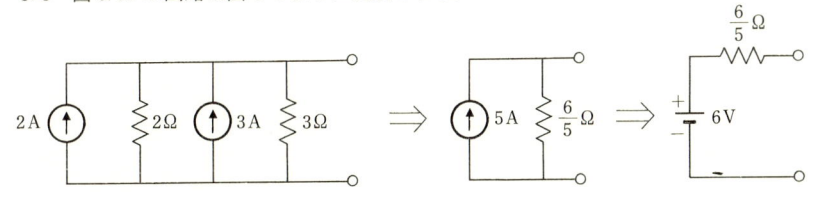

図 6

3.4 図 3.20 の回路は図 7 に変換される.

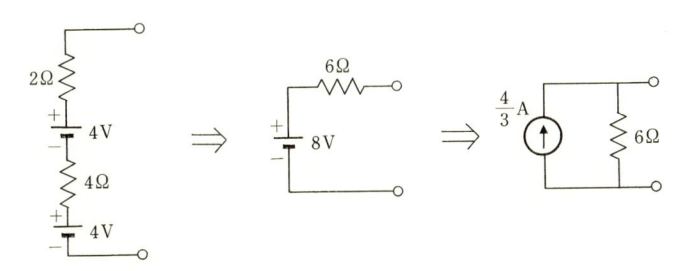

図 7

3.5 図3.21の回路の変換を繰り返すと図8のようになり、$R=\dfrac{4}{3}\Omega$ のとき R での消費電力 P は最大となり

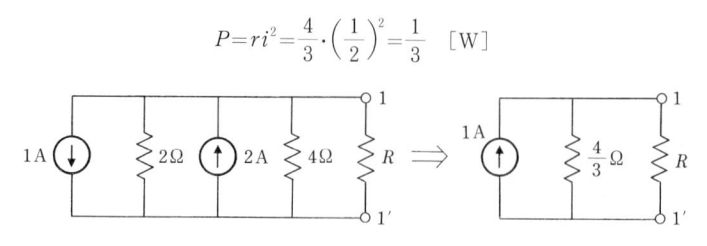

$$P=ri^2=\dfrac{4}{3}\cdot\left(\dfrac{1}{2}\right)^2=\dfrac{1}{3}\quad[\text{W}]$$

図 8

3.6 図3.22の回路は図9に示すような変換を行うと、$R=5\Omega$ のとき R で消費する電力 P は最大となり、$R=5\Omega$ のとき最大となり

$$P=Ri^2=5\cdot\left(\dfrac{1}{10}\right)^2=\dfrac{1}{20}\quad[\text{W}]$$

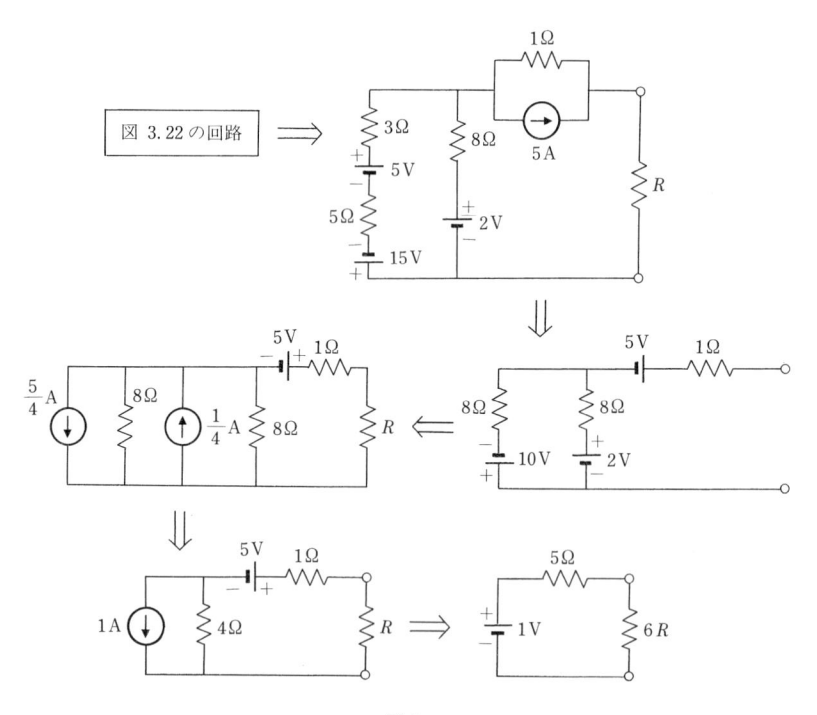

図 9

4.1 図 10 に示すように完全グラフでは n_1 と接続されている枝は $n-1$ 本, n_2 に接続されている枝で n_1 と接続されていない枝は $n-2$ 本である. $n_3 \sim n_{n-1}$ まで考えると, 枝の総数は

$$(n-1)+(n-2)+\cdots+1 = \frac{(n-1)n}{2}$$

となる. したがって, 独立な補木の数 l は

$$l = \frac{(n-1)n}{2} - n + 1 = \frac{n^2}{2} - \frac{n}{2} - n + 1$$

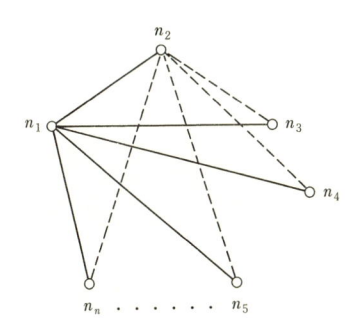

図 10

4.2 （a） 節点方程式の立て方に従って

$$\begin{bmatrix} g_1+g_3+g_4 & -g_1 & -g_4 & 0 & 0 \\ -g_1 & g_1+g_2+g_5 & 0 & -g_5 & 0 \\ -g_4 & 0 & g_4+g_7+g_9 & -g_7 & -g_9 \\ 0 & -g_5 & -g_7 & g_5+g_7+g_8 & -g_8 \\ 0 & 0 & -g_9 & -g_8 & g_6+g_8+g_9 \end{bmatrix} \begin{bmatrix} v_1 \\ v_2 \\ v_4 \\ v_5 \\ v_6 \end{bmatrix} = \begin{bmatrix} i_1+i_3 \\ i_5-i_1 \\ i_4 \\ -i_5 \\ -i_9 \end{bmatrix}$$

（b）

$$\begin{bmatrix} g_1+g_3+g_4 & -g_1 & -g_3 & 0 & 0 \\ -g_1 & g_1+g_2+g_5 & -g_2 & -g_5 & 0 \\ -g_3 & -g_2 & g_2+g_3+g_6 & 0 & -g_6 \\ 0 & -g_5 & 0 & g_5+g_7+g_8 & -g_8 \\ 0 & 0 & -g_6 & -g_8 & -g_6+g_8+g_9 \end{bmatrix} \begin{bmatrix} v_1 \\ v_2 \\ v_3 \\ v_5 \\ v_6 \end{bmatrix} = \begin{bmatrix} i_1+i_3 \\ i_5-i_1 \\ -i_3 \\ -i_5 \\ -i_9 \end{bmatrix}$$

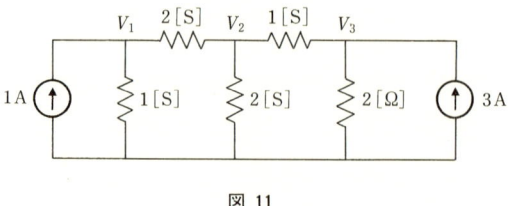

134　演習解答

図 11

4.3 網路方程式の立て方に従って

$$\begin{bmatrix} r_1+r_5+r_8 & -r_5 & 0 & -r_8 \\ -r_5 & r_2+r_5+r_6 & -r_6 & 0 \\ 0 & -r_6 & r_3+r_6+r_7 & -r_7 \\ -r_8 & 0 & -r_7 & r_4+r_7+r_8 \end{bmatrix} \begin{bmatrix} i_1 \\ i_2 \\ i_3 \\ i_4 \end{bmatrix} = \begin{bmatrix} e_1-e_5+e_8 \\ e_5 \\ e_3 \\ -e_8 \end{bmatrix}$$

4.4 閉路方程式の立て方に従って

$$\begin{bmatrix} r_1+r_6+r_5 & r_1+r_5 & r_1+r_5 & -r_5 \\ r_1+r_5 & r_1+r_2+r_5+r_7 & r_1+r_2+r_5 & -r_5 \\ r_1+r_5 & r_1+r_2+r_5 & r_1+r_2+r_3+r_5+r_8 & -r_5-r_8 \\ -r_5 & -r_5 & -r_5-r_8 & r_4+r_5+r_8 \end{bmatrix} \begin{bmatrix} i_1 \\ i_2 \\ i_3 \\ i_4 \end{bmatrix} = \begin{bmatrix} 0 \\ -e_2-e_7 \\ -e_2-e_8 \\ e_4+e_8 \end{bmatrix}$$

4.5

$$\begin{bmatrix} r_1+r_4+r_5 & r_1+r_4 & r_1 \\ r_1+r_4 & r_1+r_2+r_4+r_6 & r_1+r_2 \\ r_1 & r_1+r_2 & r_1+r_2+r_3 \end{bmatrix} \begin{bmatrix} i_1 \\ i_2 \\ i_3 \end{bmatrix} = \begin{bmatrix} e_1+e_5 \\ e_1+e_6 \\ e_1+e_3 \end{bmatrix}$$

4.6

$$\begin{bmatrix} r_1+r_5+r_6 & r_1+r_5 & r_1+r_5 & r_1 \\ r_1+r_5 & r_1+r_2+r_5+r_7 & r_1+r_2+r_5 & r_1+r_2 \\ r_1+r_5 & r_1+r_2+r_5 & r_1+r_2+r_3+r_5+r_8 & r_1+r_2+r_3 \\ r_1 & r_1+r_2 & r_1+r_2+r_3 & r_1+r_2+r_3+r_4 \end{bmatrix} \begin{bmatrix} i_1 \\ i_2 \\ i_3 \\ i_4 \end{bmatrix} = \begin{bmatrix} e_1+e_6 \\ e_1+e_7 \\ e_1+e_8 \\ e_1+e_4 \end{bmatrix}$$

4.7 回路方程式は

$$\begin{bmatrix} 8 & 4 \\ 4 & 8 \end{bmatrix} \begin{bmatrix} i_1 \\ i_2 \end{bmatrix} = \begin{bmatrix} 6 \\ 5 \end{bmatrix}$$

これより

$$i_1 = \frac{7}{12}, \quad i_2 = \frac{1}{3}$$

4.8 図 4.13 の回路の節点方程式を立てるためには抵抗の表示をコンダクタンスに変える必要があり、それは図 11 で表される。節点方程式は

$$\begin{bmatrix} 2+1 & -2 & 0 \\ -2 & 2+2+1 & -1 \\ 0 & -1 & 1+2 \end{bmatrix} \begin{bmatrix} V_1 \\ V_2 \\ V_3 \end{bmatrix} = \begin{bmatrix} 3 & -2 & 0 \\ -2 & 5 & -1 \\ 0 & -1 & 3 \end{bmatrix} \begin{bmatrix} V_1 \\ V_2 \\ V_3 \end{bmatrix} = \begin{bmatrix} 1 \\ 0 \\ 3 \end{bmatrix}$$

$$\triangle = \begin{vmatrix} 3 & -2 & 0 \\ -2 & 5 & -1 \\ 0 & -1 & 3 \end{vmatrix},\ \triangle_1 = \begin{vmatrix} 1 & -2 & 0 \\ 0 & 5 & -1 \\ 3 & -1 & 3 \end{vmatrix},\ \triangle_2 = \begin{vmatrix} 3 & 1 & 0 \\ -2 & 0 & -1 \\ 0 & 3 & 3 \end{vmatrix},\ \triangle_3 = \begin{vmatrix} 3 & -2 & 1 \\ -2 & 5 & 0 \\ 0 & -1 & 3 \end{vmatrix}$$

とすると $\triangle=30$, $\triangle_1=20$, $\triangle_2=15$, $\triangle_3=35$ となり，クラメールの公式より

$$V_1 = \frac{\triangle_1}{\triangle} = \frac{2}{3}\text{V},\ V_2 = \frac{\triangle_2}{\triangle} = \frac{1}{2}\text{V},\ V_3 = \frac{35}{30} = \frac{7}{6}\text{V}$$

4.9 回路方程式は

$$\begin{bmatrix} 1+2 & -2 & 0 \\ -2 & 2+4+1 & 1 \\ 0 & 1 & 2+1 \end{bmatrix} \begin{bmatrix} I_1 \\ I_2 \\ I_3 \end{bmatrix} = \begin{bmatrix} 3 & -2 & 0 \\ -2 & 7 & 1 \\ 0 & 1 & 3 \end{bmatrix} \begin{bmatrix} I_1 \\ I_2 \\ I_3 \end{bmatrix} = \begin{bmatrix} 3 \\ 0 \\ 6 \end{bmatrix}$$

$$\triangle = \begin{vmatrix} 3 & -2 & 0 \\ -2 & 7 & 1 \\ 0 & 1 & 3 \end{vmatrix} = 48,\ \triangle_1 = \begin{vmatrix} 3 & -2 & 0 \\ 0 & 7 & 1 \\ 6 & 1 & 3 \end{vmatrix} = 48,\ \triangle_2 = \begin{vmatrix} 3 & 3 & 0 \\ -2 & 0 & 1 \\ 0 & 6 & 3 \end{vmatrix} = 0$$

$$\triangle_3 = \begin{vmatrix} 3 & -2 & 3 \\ -2 & 7 & 0 \\ 0 & 1 & 6 \end{vmatrix} = 96$$

$$I_1 = \frac{\triangle_1}{\triangle} = 1,\quad I_2 = \frac{\triangle_2}{\triangle} = 0,\quad I_3 = \frac{96}{48} = 2$$

5.1 まず図 5.14 の回路の右側の電流源を零にすると図 12 の（a）図となり，$I' = \frac{1}{2}\text{A}$ となる．次に左側の電圧源を零にすると（b）図となり，12Ω と 6Ω の並列抵抗値は 4Ω であるから，$I'' = \frac{4}{3}\text{A}$ となり，重ねの理より

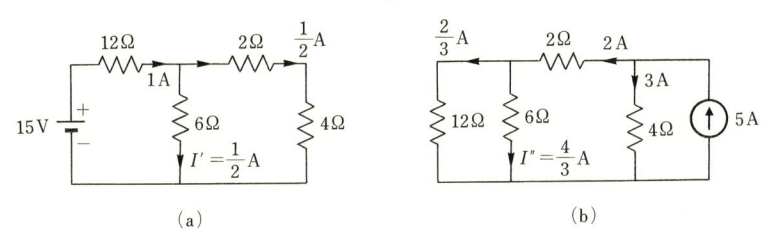

図 12

$$I = I' + I'' = \frac{1}{2} + \frac{4}{3} = \frac{11}{6} [\mathrm{A}]$$

5.2 回路に流れる電流は図13（a）に示すようになり，回路の下端を0Vとすると
$$v_a = 4\,\mathrm{V}, \quad v_b = 1\,\mathrm{V}$$
1-1′の間の電圧 v は
$$v = 4 - 1 = 3\,\mathrm{V}$$
また1-1′から見た抵抗は6Ωと3Ωの並列となり，2Ωであるから
$$i = \frac{3}{5+2} = \frac{3}{7}\,\mathrm{A}$$

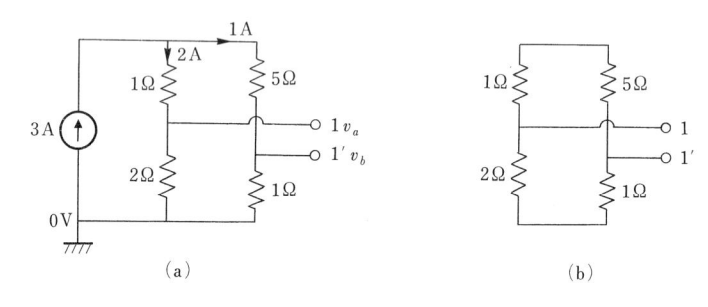

図 13

5.3 ノートンの定理とは図14（a）に示すように，内部コンダクタンスが g_i の電源回路のある端子対を短絡したとき電流 i が流れたとき，この端子対にコンダクタンス g を接続したときに g の両端の電圧 v は，図（b）に示すように
$$v = \frac{i}{g_i + g}$$
で表されるという定理である．この定理を証明するために図（c）の回路を考える．このとき g には電流は流れないから $v' = 0$ となり，g を短絡したのと同じことになる．次に電流源 i を取り除いたときの電圧を v とし，また電源回路内の電

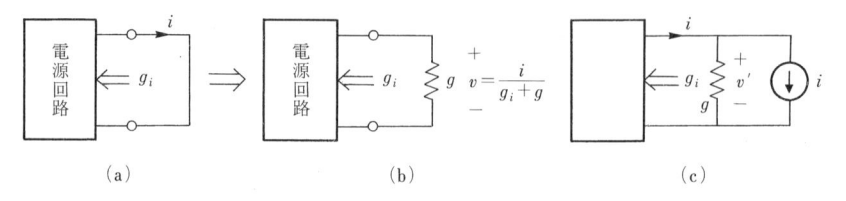

図 14

源をすべて取り除いたときの g の両端の電圧 v'' は

$$v'' = \frac{-i}{g_i + g}$$

重ねの定理より

$$v' = v + v'', \quad v = v' - v'' = 0 + \frac{i}{g_i + g} = \frac{i}{g_i + g}$$

となる.

5.4 図 5.16 を書き変えてみると図 15 となり, $-i_1 = i_1'$ と考えると, 相反定理より $e_1 i_1' = e_2' i$ となり, これを書き換えると

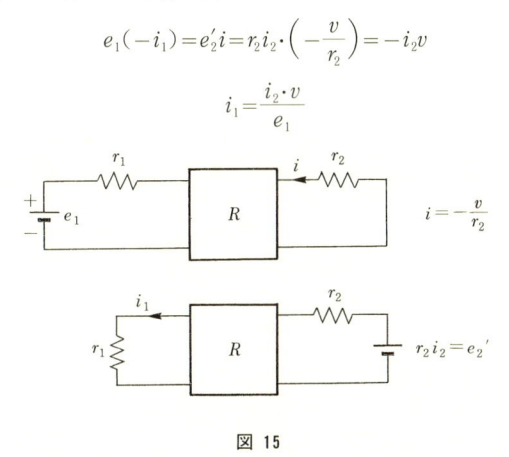

$$e_1(-i_1) = e_2' i = r_2 i_2 \cdot \left(-\frac{v}{r_2}\right) = -i_2 v$$

$$i_1 = \frac{i_2 \cdot v}{e_1}$$

図 15

5.5 図 5.17 の回路の電流 I は, 図 16 (a) の I_1 と (b) の I_2 の和になるから

$$I_1 + I_2 = 2\,\text{A}$$

(a)

(b)

図 16

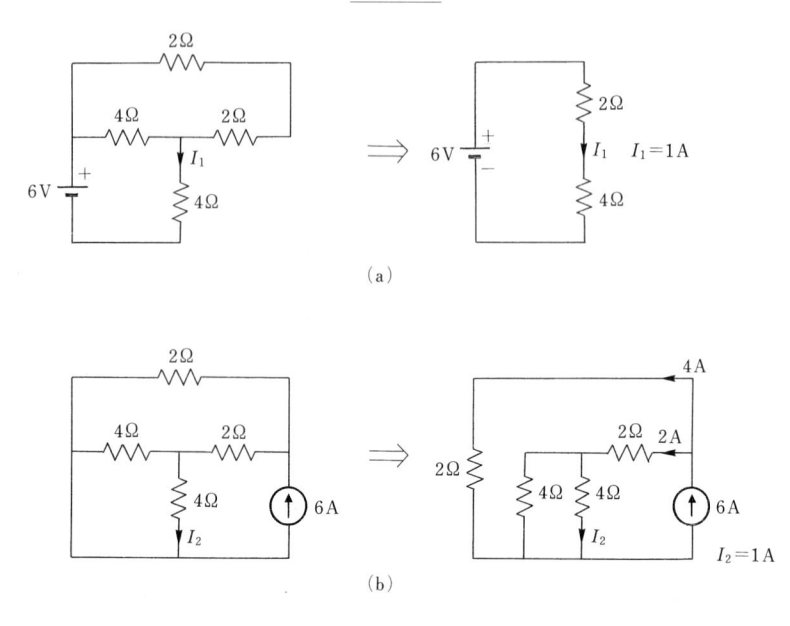

5.6 図 17（a），（b）に示すように端子対 1-1′ に電圧源 E_1 を接続したときの 3-3′ 短絡電流を I_3，端子対 3-3′ に電圧源 E_3' を接続したとの 1-1′ の短絡電流を I_1' とすると，図の電流に関する方程式は図（a），（b）より

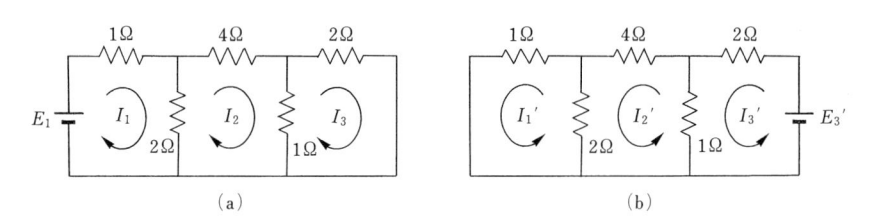

図 17

$$\begin{bmatrix} 3 & -2 & 0 \\ -2 & 7 & -1 \\ 0 & -1 & 3 \end{bmatrix} \begin{bmatrix} I_1 \\ I_2 \\ I_3 \end{bmatrix} = \begin{bmatrix} E_1 \\ 0 \\ 0 \end{bmatrix}, \quad I_3 = \frac{\begin{vmatrix} 3 & -2 & E_1 \\ -2 & 7 & 0 \\ 0 & -1 & 0 \end{vmatrix}}{\begin{vmatrix} 3 & -2 & 0 \\ -2 & 7 & -1 \\ 0 & -1 & 3 \end{vmatrix}} = \frac{2E_1}{48} = \frac{E_1}{24}$$

$$\begin{bmatrix} 3 & -1 & 0 \\ -1 & 7 & -2 \\ 0 & -2 & 3 \end{bmatrix} \begin{bmatrix} I_3' \\ I_2' \\ I_1' \end{bmatrix} = \begin{bmatrix} E_3' \\ 0 \\ 0 \end{bmatrix}, \quad I_1' = \frac{\begin{vmatrix} 3 & -1 & E_3' \\ -1 & 7 & 0 \\ 0 & -2 & 0 \end{vmatrix}}{\begin{vmatrix} 3 & -1 & 0 \\ -1 & 7 & -2 \\ 0 & -2 & 3 \end{vmatrix}} = \frac{2E_3'}{48} = \frac{E_3'}{24}$$

$$E_1 = 24I_3, \quad E_3' = 24I_1'$$

より

$$E_1(-I_1') = E_2'(-I_2)$$

となり,相反定理が成り立つことがわかる.

5.7 図 18 (a), (b) に示すように電圧をとると,方程式は

$$\begin{bmatrix} 8 & -2 & 0 \\ -2 & 16 & -6 \\ 0 & -6 & 8 \end{bmatrix} \begin{bmatrix} V_1 \\ V_2 \\ V_3 \end{bmatrix} = \begin{bmatrix} I_1 \\ 0 \\ 0 \end{bmatrix}, \quad \text{より} \quad V_3 = \frac{\begin{vmatrix} 8 & -2 & I_1 \\ -2 & 16 & 0 \\ 0 & -6 & 0 \end{vmatrix}}{\begin{vmatrix} 8 & -2 & 0 \\ -2 & 16 & -6 \\ 0 & -6 & 8 \end{vmatrix}} = \frac{12I_1}{704} = \frac{3I_1}{176}$$

$$\begin{bmatrix} 8 & -6 & 0 \\ -6 & 16 & -2 \\ 0 & -2 & 8 \end{bmatrix} \begin{bmatrix} V_3' \\ V_2' \\ V_1' \end{bmatrix} = \begin{bmatrix} I_3' \\ 0 \\ 0 \end{bmatrix}, \quad \text{より} \quad V_1' = \frac{\begin{vmatrix} 8 & 6 & I_3' \\ -6 & 16 & 0 \\ 0 & -2 & 0 \end{vmatrix}}{\begin{vmatrix} 8 & -6 & 0 \\ -6 & 16 & -2 \\ 0 & -2 & 8 \end{vmatrix}} = \frac{12I_3'}{704} = \frac{3I_3'}{176}$$

これより $I_1 = \frac{176}{3} V_3$, $V_1' = \frac{3}{176} I_3'$ となり

$$I_1 V_1' = I_3' V_3$$

となり,相反定理が成り立つ.

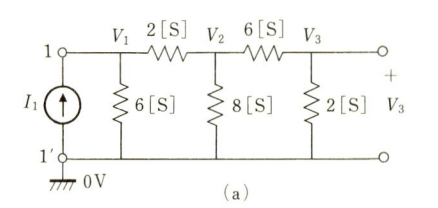

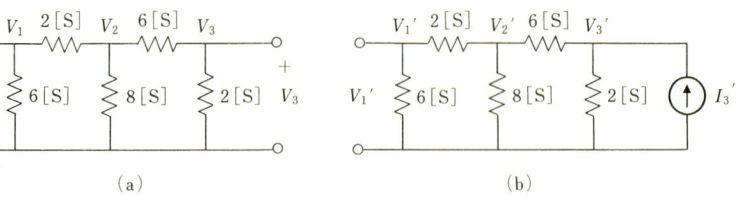

図 18

5.8 図 5.20 の回路の a-b 間を開放したときの回路は，図 19（a）のようになり

$$V_a = \frac{7}{2} \times 2 = 7 [\text{V}], \quad V_b = \frac{3}{2} \times 3 = \frac{9}{2} [\text{V}]$$

$$V = V_a - V_b = \frac{5}{2} [\text{V}]$$

また（b）図より $r_i = \frac{5}{2} \Omega$ であるから，a-b を短絡したときの電流 I は

$$I = \frac{\frac{5}{2}}{\frac{5}{2} + 0} = 1 [\text{A}]$$

テブナンの定理を用いずに図（c）について考えると，a-b 間に流れる電流は 1 [A] となり，上の結果と一致する．

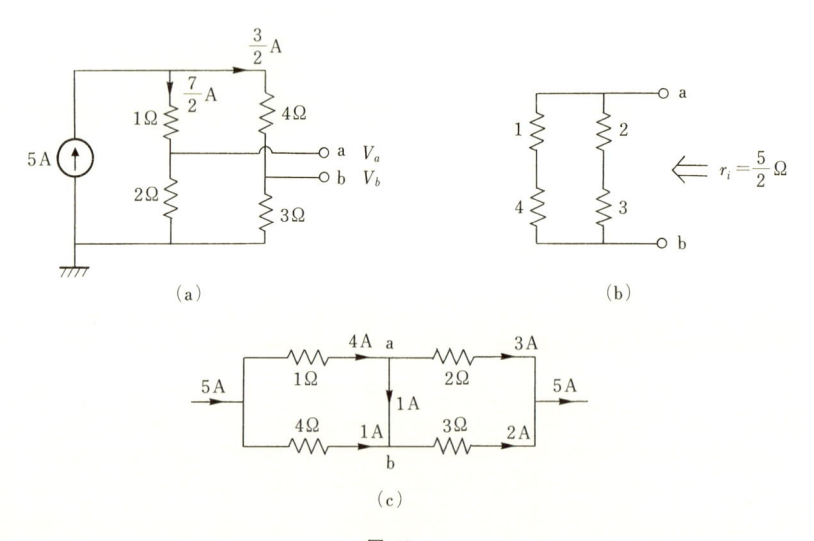

図 19

6.1 (図 20)

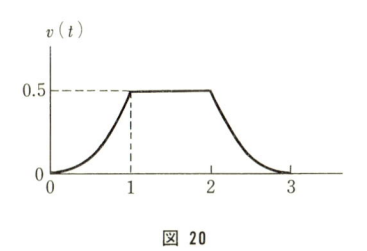

図 20

6.2 (図 21)

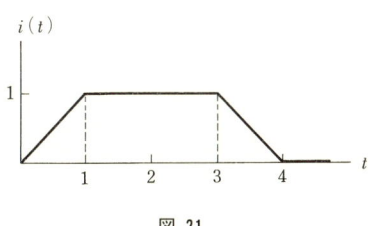

図 21

6.3 C_1 と C_2 を直列接続したときの容量は

$$\frac{1}{\dfrac{1}{C_1}+\dfrac{1}{C_2}}=\frac{C_1 C_2}{C_1+C_2}$$

C_3 と C_4 の直列接続したときの容量は

$$\frac{1}{\dfrac{1}{C_3}+\dfrac{1}{C_4}}=\frac{C_3 C_4}{C_3+C_4}$$

$$C_a=\frac{C_1 C_2}{C_1+C_2}+\frac{C_3 C_4}{C_3+C_4}$$

$$C_b=\frac{1}{\dfrac{1}{C_1+C_2}+\dfrac{1}{C_3+C_4}}=\frac{(C_1+C_2)(C_3+C_4)}{C_1+C_2+C_3+C_4}$$

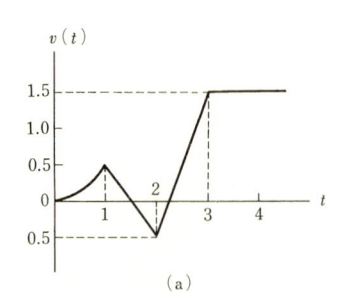

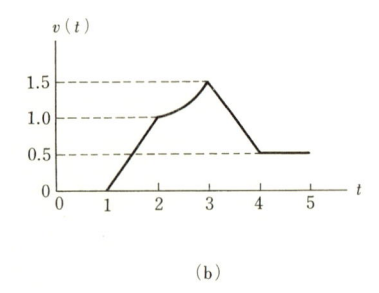

図 22

6.4
$$L_a = \cfrac{1}{\cfrac{1}{L_1+L_2}+\cfrac{1}{L_3+L_4}} = \frac{(L_1+L_2)(L_3+L_4)}{L_1+L_2+L_3+L_4}$$

$$L_b = \frac{L_1L_2}{L_1+L_2} + \frac{L_3L_4}{L_3+L_4}$$

6.5 図 22 (a), (b) に示す

7.1 (a) の場合, 回路方程式は図 23 のように電流を表すと, キルヒホッフの法則より
$$2 = 1 \cdot i_1 + 1 \cdot i_2, \quad i_1 = i_2 + i_3, \quad 1 \cdot i_2 = 1 \cdot i_3 + v$$

が成り立ち, $i_3 = \dfrac{1}{3}\dfrac{dv}{dt}$ を代入すると

$$i_1 = i_2 + \frac{1}{3}\frac{dv}{dt}, \quad i_2 = \frac{1}{3}\frac{dv}{dt} + v$$

となり, 上の2つの式から i_2 を消去すると

$$i_1 = \frac{1}{3}\frac{dv}{dt} + v + \frac{1}{3}\frac{dv}{dt} = \frac{2}{3}\frac{dv}{dt} + v$$

これを最初の式に代入すると

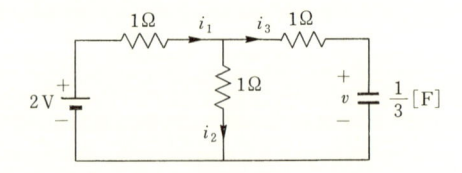

図 23

演習解答

$$2 = \frac{2}{3}\frac{dv}{dt} + v + \frac{1}{3}\frac{dv}{dt} + v = \frac{dv}{dt} + 2v$$

$\frac{d\tilde{v}}{dt} + 2\tilde{v} = 0$ より,$s + 2 = 0$,$s = -2$ となり,余関数 $\tilde{v}$ は

$$\tilde{v} = ke^{-2t}$$

特解は $V_s = A$ とおくと $V_s = 1$ となり,v は

$$v = ke^{-2t} + 1$$

$t = 0$ で $v = 0$ の条件から $0 = k + 1$.したがって $k = -1$ となり,解は

$$v = 1 - e^{-2t}$$

で表される.

(b)の場合には(a)の結果より,微分方程式は

$$\frac{dv}{dt} + 2v = 2\cos 2t$$

(a)と同じように余関数 $\tilde{v}$ は

$$\tilde{v} = ke^{-2t}$$

特解 V_s を

$$V_s = A\cos 2t + B\sin 2t$$

と仮定し,元の微分方程式に代入すると

$$\frac{dV_s}{dt} = -2A\sin 2t + 2B\cos 2t$$

より

$$-2A\sin 2t + 2B\cos 2t + 2(A\cos 2t + B\sin 2t)$$
$$= (-2A + 2B)\sin 2t + (2B + 2A)\cos 2t = 2\cos t$$

よって

$$-2A + 2B = 0, \quad 2A + 2B = 2$$
$$B = \frac{1}{2}, \quad A = \frac{1}{2}$$

より

$$V_s = \frac{1}{2}\sin 2t + \frac{1}{2}\cos 2t$$

$$v = \tilde{v} + V_s = ke^{-2t} + \frac{1}{2}(\sin 2t + \cos 2t)$$

$t = 0$ で $v = 0$ であるから,$k + \frac{1}{2} = 0$,$k = -\frac{1}{2}$ より

$$v = \frac{1}{2}(-e^{-2t} + \sin 2t + \cos 2t)$$

7.2 (a) の場合には，図 24 のように電流をとると，キルヒホッフの法則より

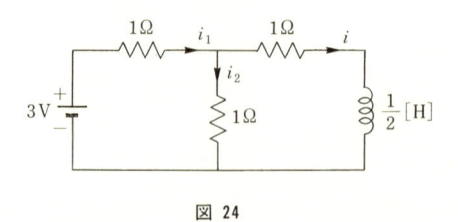

図 24

$$3 = 1 \cdot i_1 + 1 \cdot i_2 = i_1 + i_2$$

$$1 \cdot i_2 = 1 \cdot i + \frac{1}{2}\frac{di}{dt} = i + \frac{1}{2}\frac{di}{dt}$$

$$i_1 = i + i_2 = i + i + \frac{1}{2}\frac{di}{dt} = 2i + \frac{1}{2}\frac{di}{dt}$$

以上の式より，i_1 と i_2 を消去すると

$$3 = 2i + \frac{1}{2}\frac{di}{dt} + i + \frac{1}{2}\frac{di}{dt} = 3i + \frac{di}{dt}$$

すなわち

$$\frac{di}{dt} + 3i = 3$$

全関数は e^{-3t}，特解 V_s は 1 であるから

$$i = ke^{-3t} + 1$$

$t = 0$ で $i = 0$ より，$k = 1$．よって

$$i = 1 - e^{-3t}$$

(b) の場合には，微分方程式は

$$\frac{di}{dt} + 3i = 3\sin 3t$$

余関数は e^{-3t}，特解 I_s として

$$I_s = A\sin 3t + B\cos 3t, \quad \frac{dI_s}{dt} = 3A\cos 3t - 3B\sin 3t$$

を代入すると

$$3A\cos 3t - 3B\sin 3t + 3(A\sin 3t + B\cos 3t) = 3\sin 3t$$

これより

$$-3B + 3A = 3, \quad 3A + 3B = 0$$

$$A = \frac{1}{2}, \quad B = -\frac{1}{2}$$

$$i = ke^{-3t} + \frac{1}{2}\sin 3t - \frac{1}{2}\cos 3t$$

$t=0$ で $i=0$ より, $k=\dfrac{1}{2}$.

よって
$$i = \frac{1}{2}(e^{-3t} + \sin 3t - \cos 3t)$$

7.3 図 7.18 の回路の電流を図 25 のようにとると, キルヒホッフの法則より

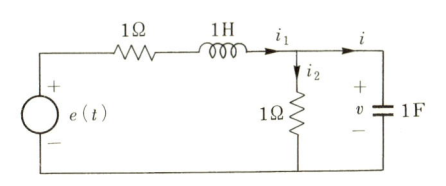

図 25

$$e(t) = 1 \cdot i_1 + 1 \cdot \frac{di}{dt} + v$$
$$1 \cdot i_2 = v$$
$$i = 1 \cdot \frac{dv}{dt}$$
$$i_1 = i + i_2 = \frac{dv}{dt} + v$$

以上より i_1, i_2 を消去すると

$$e(t) = \frac{dv}{dt} + v + \frac{d^2v}{dt^2} + \frac{dv}{dt} + v$$

$$\frac{d^2v}{dt^2} + 2\frac{dv}{dt} + 2v = e(t)$$

余関数 $\bar{v}$ を求めるために, $\bar{v}=e^{st}$ を代入すると

$$s^2 + 2s + 2 = 0, \quad s = -1 \pm \sqrt{1-2} = -1 \pm j$$

よって
$$\bar{v} = k_1 e^{-t} \sin t + k_2 e^{-t} \cos t$$

次に特解 V_s を求める.

(a) $e(t)=2$ のときには明らかに $V_s=1$.

$$v = k_1 e^{-t} \sin t + k_2 e^{-t} \cos + 1$$

$t=0$ で $v=0$ より

$$k_2 + 1 = 0 \quad \text{すなわち} \quad k_2 = -1$$

また $t=0$ で $i_1=0$ であるから

$$i_1 = \frac{dv}{dt} + v$$

を用いると

$$0 = \left(\frac{dv}{dt}\right)_{t=0} + 0 \quad \text{よって} \quad \left(\frac{dv}{dt}\right)_{t=0} = 0$$

$$\frac{dv}{dt} = -k_1 e^{-t}\sin t + k_1 e^{-t}\cos t - k_2 e^{-t}\cos t - k_2 e^{-t}\sin t$$
$$= -(k_1+k_2)e^{-t}\sin t + (k_1-k_2)e^{-t}\cos t$$

$t=0$ で $\dfrac{dv}{dt}=0$ であるから

$$k_1 - k_2 = 0, \quad k_1 = k_2 = -1$$

よって

$$v = 1 - e^{-t}(\sin t + \cos t)$$

(b) の場合，微分方程式は

$$\frac{d^2v}{dt^2} + 2\frac{dv}{dt} + 2v = 3\cos t$$

余関数 $\tilde{v}$ は同じく

$$\tilde{v} = k_1 e^{-t}\sin t + k_2 e^{-t}\cos t$$

特解 V_s を

$$V_s = A\sin t + B\cos t$$

とおき，微分方程式に代入すると

$$(-A - 2B + 2A)\sin t + (-B - 2A + 2B)\cos t$$
$$= (A - 2B)\sin t + (-2A + B)\cos t = 3\cos t$$
$$A - 2B = 0, \quad -2A + B = 3, \quad -3B = 3$$
$$B = -1, \quad A = 2B = -2$$

よって

$$v = k_1 e^{-t}\sin t + k_2 e^{-t}\cos t - 2\sin t - \cos t$$
$$\frac{dv}{dt} = (-k_1 - k_2)e^{-t}\sin t + (k_1 - k_2)e^{-t}\cos t + \sin t - 2\cos t$$

$t=0$ で $v=0$ より

$$k_2 - 1 = 0, \quad k_2 = 1$$

$t=0$ で $\dfrac{dv}{dt}=0$ より

$$k_1 - k_2 - 2 = 0, \quad k_1 = k_2 + 2 = 3$$

よって

演習解答

$$v = (3e^{-t}-2)\sin t + (e^{-t}-1)\cos t$$

7.4 $t \geqq 0$ で

(i) $E = L\dfrac{di}{dt} + v, \quad i = C\dfrac{dv}{dt} + Gv$

上の式から i を消去するために，第2式を微分すると

$$\dfrac{di}{dt} = C\dfrac{d^2v}{dt^2} + G\dfrac{dv}{dt}$$

これを第1式に代入すると

$$L\left(C\dfrac{d^2v}{dt^2} + G\dfrac{dv}{dt}\right) + v = E$$

$$\dfrac{d^2v}{dt^2} + \dfrac{G}{C}\dfrac{dv}{dt} + \dfrac{1}{LC}v = \dfrac{E}{LC}$$

(ii) $\dfrac{d^2v}{dt^2} + 5\dfrac{dv}{dt} + 6v = 12$

$$v = \tilde{v} + V_s \quad (\tilde{v}:\text{余関数},\ V_s:\text{特解})$$

$\tilde{v} = ke^{st}$ とおくと

$$(s^2 + 5s + 6)ke^{st} = 0$$
$$(s+2)(s+3) = 0, \quad s_1 = -2, \quad s_2 = -3$$

また特解 V_s は明らかに $V_s = 2$ であるから

$$v = k_1 e^{-2t} + k_2 e^{-3t} + 2$$

$t=0$ で $v=1$ であるから

$$1 = k_1 + k_2 + 2, \quad k_1 + k_2 = -1$$

$$i = C\dfrac{dv}{dt} + Gv = \dfrac{dv}{dt} + 5v$$

L に流れる電流は連続であるから，$t=0$ で $i=0$．したがって

$$0 = \left(\dfrac{dv}{dt}\right)_{t=0} + 5v(0) \quad \text{より} \quad \left(\dfrac{dv}{dt}\right)_{t=0} = -5$$

v を微分すると

$$\dfrac{dv}{dt} = -2k_1 e^{-2t} - 3k_2 e^{-2t}$$

となり，ここで $t=0$ では

$$-5 = -2k_1 - 3k_2$$

すなわち

$$k_1 + k_2 = -1, \quad 2k_1 + 3k_2 = 5$$

が成り立ち，$k_2 = 7$，$k_1 = -1 - k_2 = -8$．よって

$$v = -8e^{-2t} + 7e^{-3t} + 2$$

7.5 回路より $t \geqq 0$ では

(i) $E = L\dfrac{di}{dt} + Ri + v$. $i = C\dfrac{dv}{dt}$ を代入すると

$$LC\frac{d^2v}{dt^2} + RC\frac{dv}{dt} + v = E$$

$$\frac{d^2v}{dt^2} + \frac{R}{L}\frac{dv}{dt} + \frac{v}{LC} = \frac{E}{LC}$$

(ii) $\dfrac{d^2v}{dt^2} + 2\dfrac{dv}{dt} + 5v = 10$

$v = \tilde{v} + V_s$ より，明らかに $V_s = 2$. $\tilde{v} = ke^{st}$ を代入すると

$$(s^2 + 2s + 5)ke^{st} = 0$$

$s = -1 \pm j2$ より

$$\tilde{v} = k_1 e^{-t}\sin 2t + k_2 e^{-t}\cos 2t$$
$$v = k_1 e^{-t}\sin 2t + k_2 e^{-t}\cos 2t + 2$$

$t < 0$ では C は短絡されているから $v(0) = 0$ であり，v の連続性より，$t = 0$ で $v = 0$ より

$$k_2 + 2 = 0, \quad k_2 = -2$$

また

$$\frac{dv}{dt} = -k_1 e^{-t}\sin 2t + 2k_1 e^{-t}\cos 2t - k_2 e^{-t}\cos 2t - 2k_2 e^{-t}\sin 2t$$
$$= (-k_1 - 2k_2)e^{-t}\sin 2t + (2k_1 - k_2)e^{-t}\cos 2t$$

$t < 0$ では C は短絡されているから，i は

$$i = \frac{E}{R} = 1$$

$t \geqq 0$ では $i = C\dfrac{dv}{dt} = 0.2\dfrac{dv}{dt}$.

インダクタンスに流れる電流は連続であるから

$$t = 0 \; で \quad \frac{dv}{dt} = \frac{1}{0.2} = 5$$

$$2k_1 - k_2 = 5, \quad k_1 = \frac{3}{2}$$

よって

$$v = \frac{3}{2}e^{-t}\sin 2t - 2e^{-t}\cos 2t + 2$$

7.6 図 7.21 の回路で $t \geqq 0$ における v に関する微分方程式は，（a）の場合

$$v = 3i + \frac{di}{dt}, \quad i = -0.5\frac{dv}{dt}$$

より
$$\frac{d^2v}{dt^2}+3\frac{dv}{dt}+2v=0$$

$v=ke^{st}$ とおくと,特性方程式は
$$s^2+3s+2=0, \quad (s+1)(s+2)=0$$
$$s_1=-1, \, s_2=-2$$
$$\begin{cases} v=k_1e^{-t}+k_2e^{-2t} \\ \dfrac{dv}{dt}=-k_1e^{-t}-2k_2e^{-2t} \end{cases}$$

$t<0$ では $v=1$, $i=0.5$ であるから,コンデンサの両端の電圧 v とインダクタンスに流れる電流 i の連続性から
$$v(0)=1, \quad i(0)=-0.5\left(\frac{dv}{dt}\right)_{t=0}=0.5$$
$$\left(\frac{dv}{dt}\right)_{t=0}=-1$$

これを解に用いると
$$1=k_1+k_2, \quad -1=-k_1-2k_2$$
よって $k_2=0, k_1=1$.
$$v=e^{-t}$$

(b) の場合.微分方程式と $v(0)$ はまったく同じであるが,$\dfrac{dv}{dt}$ の初期値が異なる.この場合 $t=0$ で $v=1$, $i(0)=1$ であるから
$$i(0)=1=-0.5\left(\frac{dv}{dt}\right)_{t=0}$$
となり
$$\left(\frac{dv}{dt}\right)_{t=0}=-2$$
$$k_1+k_2=1, \quad -k_1-2k_2=-2$$
となり,上式の和をとると
$$-k_2=-1, \quad k_2=1, \quad k_1=0$$
したがって
$$v=e^{-2t}$$
となり,初期値によってまったく異なる解となることがわかる.

8.1 (a) $\dfrac{1}{\dot{Z}_1} = \dfrac{1}{R} + j\omega C = 1 + j\omega, \quad \dot{Z}_1 = \dfrac{1}{1+j\omega}$

$\dfrac{1}{\dot{Z}_2} = \dfrac{1}{R} + \dfrac{1}{j\omega L} = 1 + \dfrac{1}{j\omega} = \dfrac{1+j\omega}{j\omega}, \quad \dot{Z}_2 = \dfrac{j\omega}{1+j\omega}$

(b) $\dot{Z} = \dot{Z}_1 + \dot{Z}_2 = \dfrac{1}{1+j\omega} + \dfrac{j\omega}{1+j\omega} = \dfrac{1+j\omega}{1+j\omega} = 1$

$\dot{Z}$ は ω に無関係に 1Ω となる．このような回路は前に述べたように定抵抗回路と呼ばれる．

8.2 (a) $\dot{Z}_1 = 2 + j\omega, \quad \dot{Z}_2 = 2 + \dfrac{1}{j0.25\omega} = 2 + \dfrac{4}{j\omega} = \dfrac{2(2+j\omega)}{j\omega}$

(b) $\dfrac{1}{\dot{Z}} = \dfrac{1}{\dot{Z}_1} + \dfrac{1}{\dot{Z}_2} = \dfrac{1}{2+j\omega} + \dfrac{j\omega}{2(2+j\omega)}$

$= \dfrac{2+j\omega}{2(2+j\omega)} = \dfrac{1}{2}$

$\dot{Z} = 2$

この回路も前問 8.1 と同じように $\dot{Z}$ は ω に無関係となり，定抵抗回路である．

8.3 (i) RC 並列回路のアドミタンスは

$$\dfrac{1}{R} + j\omega C = \dfrac{1+j\omega CR}{R}$$

インピーダンスは

$$\dfrac{R}{1+j\omega CR} = \dfrac{R(1-j\omega CR)}{(1+j\omega CR)(1-j\omega CR)} = \dfrac{R-j\omega CR^2}{1+\omega^2 C^2 R^2}$$

よって

$$\dot{Z} = j\omega L + \dfrac{R-j\omega CR^2}{1+\omega^2 C^2 R^2}$$

$$= \dfrac{R}{1+\omega^2 C^2 R^2} + j\left(\omega L - \dfrac{\omega CR^2}{1+\omega^2 C^2 R^2}\right)$$

(ii) 電源と回路に流れる電流が同相であるためには，インピーダンス $\dot{Z}$ が実数すなわち虚数部が零であることが必要であるから

$$\omega L - \dfrac{\omega CR^2}{1+\omega^2 C^2 R^2} = 0$$

これより

$$(1+\omega^2 C^2 R^2)L = CR^2$$

よって

$$\omega^2 = \dfrac{CR^2 - L}{C^2 R^2 L} \quad (CR^2 > L)$$

このとき，$\dot{Z} = \dfrac{R}{1+\omega^2 C^2 R^2} = R \cdot \dfrac{CR^2}{L} \cdot \dfrac{1}{} = \dfrac{CR^3}{L}$

演習解答

$$I_m = \frac{E_m}{\dfrac{CR^3}{L}} = \frac{L}{CR^3} E_m$$

8.4 (i) RL 並列回路のアドミタンスは

$$\frac{1}{R} + \frac{1}{j\omega L} = \frac{R + j\omega L}{j\omega LR}$$

インピーダンスは

$$\frac{j\omega LR}{R + j\omega L} = \frac{j\omega LR(R - j\omega L)}{R^2 + \omega^2 L^2} = \frac{\omega^2 L^2 R + j\omega LR^2}{R^2 + \omega^2 L^2}$$

したがって

$$\dot{Z} = j\frac{-1}{\omega C} + \frac{\omega^2 L^2 R}{R^2 + \omega^2 L^2} + \frac{j\omega LR^2}{R^2 + \omega^2 L^2} = \frac{\omega^2 L^2 R}{R^2 + \omega^2 L^2} + j\left(\frac{\omega LR^2}{R^2 + \omega^2 L^2} - \frac{1}{\omega C}\right)$$

(ii) 電圧源と電流が同相になるためには，前問と同じようにインピーダンス $\dot{Z}$ の虚数部が零であることが必要であるから

$$-\frac{1}{\omega C} + \frac{\omega LR^2}{R^2 + \omega^2 L^2} = 0 \quad \text{すなわち} \quad R^2 + \omega^2 L^2 = \omega^2 LCR^2$$

この条件では

$$\dot{Z} = \frac{\omega^2 L^2 R}{R^2 + \omega^2 L^2} = \frac{\omega^2 L^2 R}{\omega^2 LCR^2} = \frac{L}{C} \cdot \frac{1}{R}$$

よって

$$I_m = \frac{E_m}{\dot{Z}} = \frac{C}{L} \cdot R \, E_m$$

8.5 (i) $\dot{Z} = R + j\omega L + \dfrac{1}{\dfrac{1}{R} + j\omega C}$

$$= R + j\omega L + \frac{R - j\omega CR^2}{1 + \omega^2 C^2 R^2}$$

$$= R + \frac{R}{1 + \omega^2 C^2 R^2} + j\omega\left(L - \frac{CR^2}{1 + \omega^2 C^2 R^2}\right)$$

(ii) $\dot{E}$ と $\dot{I}$ が同相になるためには，$\dot{Z}$ の虚数部が零である必要があるから

$$\frac{1}{1 + \omega^2 C^2 R^2} = \frac{L}{CR^2}$$

$$\dot{Z} = R + \frac{LR}{CR^2} = R + \frac{L}{CR} = \frac{CR^2 + L}{CR}$$

$$\dot{I} = \frac{\dot{E}}{\dot{Z}} = \frac{CR\dot{E}}{CR^2 + L}$$

8.6 R_1 と L の直列回路のインピーダンス $\dot{Z}_1$ は

$$\dot{Z}_1 = R_1 + j\omega L$$

C と R_2 の並列回路のインピーダンス $\dot{Z}_2$ は

$$\dot{Z}_2 = \cfrac{1}{\cfrac{1}{R_2}+j\omega C} = \frac{R_2}{1+j\omega CR_2} = \frac{R_2(1-j\omega CR_2)}{1+\omega^2 C^2 R_2^2}$$

$\dot{Z}_1$ と $\dot{Z}_2$ には同一の電流が流れているから，$\dot{V}_1$ と $\dot{V}_2$ の位相差が $\pi/2$ であるためには $\dot{Z}_1$ と $\dot{Z}_2$ の位相角が $\pi/2$ であることが必要である．
$\dot{Z}_1$ に $R_1-j\omega L$ を乗ずると $R^2+\omega^2 L^2$ となり，実数になる．次に
$\dot{Z}_2$ に同じく $R_1-j\omega L$ を乗ずると

$$\frac{R_2(1-j\omega CR_2)(R_1-j\omega L)}{1+\omega^2 C^2 R_2^2} = \frac{R_2(R_1-\omega^2 LCR_2)-j(\omega C_1 R_1 R_2+\omega L)R_2}{1+\omega^2 C^2 R_2^2}$$

$\dot{Z}_1$ と $\dot{Z}_2$ の位相差が $\dfrac{\pi}{2}$ であるためには，$\dot{Z}_2(R_1-j\omega L)$ が虚数となることであるから

$$R_1-\omega^2 LCR_2=0 \quad \text{すなわち} \quad \frac{R_1}{R_2}=\omega^2 LC$$

また $|\dot{V}_1|=|\dot{V}_2|$ であるためには $|\dot{Z}_1|=|\dot{Z}_2|$ である必要があるから

$$R_1^2+\omega^2 L^2 = \frac{R_2^2}{1+\omega^2 C^2 R_2^2} \quad \text{すなわち} \quad (R_1^2+\omega^2 L^2)(1+\omega^2 C^2 R_2^2)=R_2^2$$

8.7 図 8.27 より

$$\dot{I}_2 = \frac{j\omega L \dot{I}}{(j\omega L)+\left(\dfrac{1}{j\omega C}+\dot{Z}\right)} = \frac{j\omega L \dot{I}}{j\left(\omega L-\dfrac{1}{\omega C}\right)+\dot{Z}}$$

これより $\dot{V}_z = \dot{Z}\dot{I}_2 = \dfrac{j\omega L \dot{Z} \dot{I}}{j\left(\omega L-\dfrac{1}{\omega C}\right)+\dot{Z}}$

$\dot{V}_z$ が $\dot{Z}$ の値にかかわらず一定となるためには

$$\omega L-\frac{1}{\omega C}=0$$

これより

$$\dot{V}_z = j\omega L \dot{I}$$

8.8 RC 直列回路のインピーダンスを $\dot{Z}_1$, RC 並列回路のインピーダンスを $\dot{Z}_2$ とすると

$$\dot{Z}_1 = R + \frac{1}{j\omega C} = \frac{1+j\omega CR}{j\omega C}$$

$$\dot{Z}_2 = \frac{1}{\frac{1}{R}+j\omega C} = \frac{R}{1+j\omega CR}$$

$$\dot{V} = \frac{\dot{Z}_2}{\dot{Z}_1+\dot{Z}_2}\dot{E}$$

であるから，$\dot{V}$ が $\dot{E}$ と同相になるためには

$$\frac{\dot{Z}_2}{\dot{Z}_1+\dot{Z}_2}$$

が実数でなければならず，またその逆数

$$\frac{\dot{Z}_1+\dot{Z}_2}{\dot{Z}_2} = \frac{\dot{Z}_1}{\dot{Z}_2}+1$$

も実数でなければならない．したがって $\dot{Z}_1/\dot{Z}_2$ も実数となる．

$$\frac{Z_1}{Z_2} = \frac{(1+j\omega CR)^2}{j\omega CR} = \frac{1-\omega^2 C^2 R^2 + j2\omega CR}{j\omega CR}$$

上式が実数となるためには，$\omega^2 C^2 R^2 = 1$ でなくてはならないから

$$1 + \frac{Z_1}{Z_2} = 1 + 2 = 3$$

よって

$$\dot{V} = \frac{\dot{E}}{3}$$

8.9 図 8.29 の回路で

（ⅰ） $V = V_a - V_b$ であるから

$$V_a = \frac{RE}{R+j\omega L}, \quad V_b = \frac{j\omega LE}{R+j\omega L}$$

$$V = V_a - V_b = \frac{R-j\omega L}{R+j\omega L} \cdot E$$

$$|\dot{V}| = \sqrt{\frac{R^2+\omega^2 L^2}{R^2+\omega^2 L^2}}|\dot{E}| = |\dot{E}|$$

すなわち $\dot{V}$ の振幅はつねに $\dot{E}$ の振幅に等しい．

（ⅱ） $\dot{V}$ と $\dot{E}$ の位相差が $\pi/2$ であるためには

$$\frac{R-j\omega L}{R+j\omega L} = \frac{(R-j\omega L)^2}{R^2+\omega^2 L^2} = \frac{R^2-\omega^2 L^2 - j2\omega L}{R^2+\omega^2}$$

が純虚数でなくてはならないから

$$R^2 = \omega^2 L^2$$

（ⅲ） $\dot{V}$ と $\dot{E}$ の位相差が $\pi/4$ であるためには

$$\frac{(R^2-\omega^2 L^2)-j2\omega LR}{R^2+\omega^2 L^2}$$

の実数部と虚数部の大きさが等しくなければならないから

$$R^2-\omega^2 L^2 = 2\omega LR \quad \text{または} \quad R^2-\omega^2 L^2 = 2\omega LR$$

上の条件より

$$L^2\omega^2 + 2LR\omega - R^2 = 0 \quad \text{または} \quad L^2\omega^2 - 2LR\omega - R^2$$

となり

$$\omega = \frac{1}{L^2}(-LR \pm \sqrt{L^2R^2 + L^2R^2}) = \frac{R}{L}(-1 \pm \sqrt{2}) \quad \text{または} \quad \frac{R}{L}(1 \pm \sqrt{2})$$

$\omega > 0$ であるから

$$\omega = \frac{R}{L}(\sqrt{2}-1) \quad \text{または} \quad \frac{R}{L}(\sqrt{2}+1)$$

(iv) $E=1$ とすると

$$\dot{V} = \frac{R^2-\omega^2 L^2}{R^2+\omega^2 L^2} - j\frac{2\omega LR}{R^2+\omega^2 L^2}$$

$$\frac{R^2-\omega^2 L^2}{R^2+\omega^2 L^2} = x, \quad \frac{2\omega LR}{R^2+\omega^2 L^2} = y$$

とおくと

$$x^2 + y^2 = \frac{(R^2-\omega^2 L^2)^2 + 4\omega^2 L^2 R^2}{(R^2+\omega^2 L^2)^2} = 1$$

$\dot{V}$ の虚数部はつねに負であるので, ベクトル軌跡は図26に示すように下半分の半円となる.

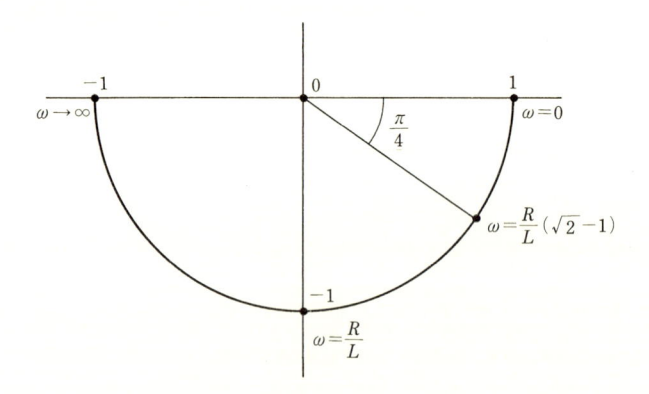

図 26

8.10 問題 8.9 を参考にすると

(ⅰ) $\dot{V} = \dfrac{R - \dfrac{1}{j\omega C}}{R + \dfrac{1}{j\omega C}} \dot{E} = \dfrac{\dfrac{-j\omega CR - 1}{j\omega C}}{\dfrac{1 + j\omega CR}{j\omega C}} \dot{E} = \dfrac{-1 + j\omega CR}{1 + j\omega CR} \dot{E}$

$$\left| \dfrac{-1 + j\omega CR}{1 + j\omega CR} \right| = 1$$

であるから $|\dot{V}| = |\dot{E}|$.

(ⅱ) $\dot{V}$ と $\dot{E}$ の位相の差が $\dfrac{\pi}{2}$ であるためには

$$\dfrac{-1 + j\omega CR}{1 + j\omega CR} = \dfrac{-(1 - j\omega CR)(1 - j\omega CR)}{1 + \omega^2 C^2 R^2} = \dfrac{-(1 - \omega^2 C^2 R^2) + j2\omega CR}{1 + \omega^2 C^2 R^2}$$

が純虚数でなくてはならないから

$$1 - \omega^2 C^2 R^2 = 0$$

(ⅲ) $\dot{V}$ と $\dot{E}$ の位相の差が $\pi/4$ であるためには,$\dot{V}$ の実数部と虚数部の大きさが等しくなければならないから

$$-(1 - \omega^2 C^2 R^2) = 2\omega CR \quad \text{または} \quad -(1 - \omega^2 C^2 R^2) = -2\omega CR$$

これより

$$C^2 R^2 \omega^2 - 2CR\omega - 1 = 0 \quad \text{または} \quad C^2 R^2 \omega^2 + 2CR\omega - 1$$

$$\omega = \dfrac{1}{C^2 R^2}(2CR \pm \sqrt{C^2 R^2 + C^2 R^2}) = \dfrac{1}{CR}(1 \pm \sqrt{2}) \quad \text{または} \quad \dfrac{1}{CR}(1 \pm \sqrt{2})$$

$\omega > 0$ であるから

$$\omega = \dfrac{1}{CR}(\sqrt{2} + 1) \quad \text{または} \quad \omega = \dfrac{1}{CR}(\sqrt{2} - 1)$$

(ⅳ) $E = 1$ とすると

$\dot{V} = \dfrac{-(1 - \omega^2 C^2 R^2) + j2\omega CR}{1 + \omega^2 C^2 R^2} = x + jy$ とおくと,前問と同じようにして

$$x^2 + y^2 = 1$$

また $\dot{V}$ の虚数部はつねに正であるので,ベクトル軌跡は図 27 に示すようになる.

図 27

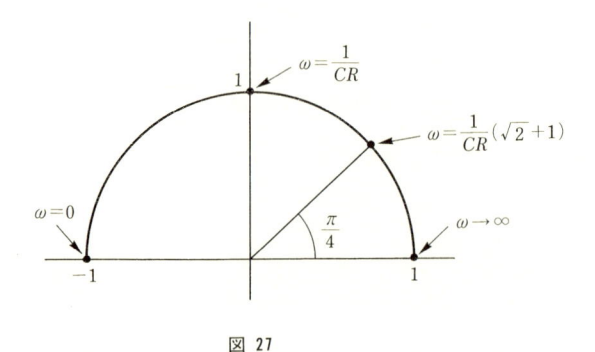

8.11 図8.31の回路において角周波数ωのとき，LC直列回路は共振状態にあり，そのインピーダンスは

$$\omega L - \frac{1}{\omega C} = 0$$

また角周波数2ωのときの$\dfrac{C}{2}$, $\dfrac{L}{2}$の並列回路は反共振状態にあり，そのアドミタンスは

$$j2\omega \cdot \frac{C}{2} + \frac{1}{j2\omega \cdot \dfrac{L}{2}} = j\left(\omega C - \frac{1}{\omega L}\right) = 0$$

したがってそのインピーダンスは無限大となり，角周波数2ωの電流は零となるので結果的に図8.31の回路は図28（a）の回路と等価となる．これをフェーザ法で表すと，図（b）のようになり

$$\dot{I}_1 = \frac{\dot{E}_1}{R + \dfrac{1}{j\dfrac{\omega C}{2} + \dfrac{1}{j\dfrac{\omega L}{2}}}} = \frac{\dot{E}_1}{R + \dfrac{1}{j\left(\dfrac{\omega C}{2} - \dfrac{2}{\omega L}\right)}} = \frac{\dot{E}}{R + \dfrac{1}{j\left(\dfrac{\omega^2 LC - 4}{2\omega L}\right)}}$$

$\omega^2 LC = 1$であるから

$$= \frac{E}{R + \dfrac{1}{-j\left(\dfrac{3}{2\omega L}\right)}} = \frac{\dot{E}}{R + j\dfrac{2\omega L}{3}}$$

$$|\dot{I}_1| = \frac{\dot{E}}{\sqrt{R^2 + \dfrac{4\omega^2 L^2}{9}}} = I_m$$

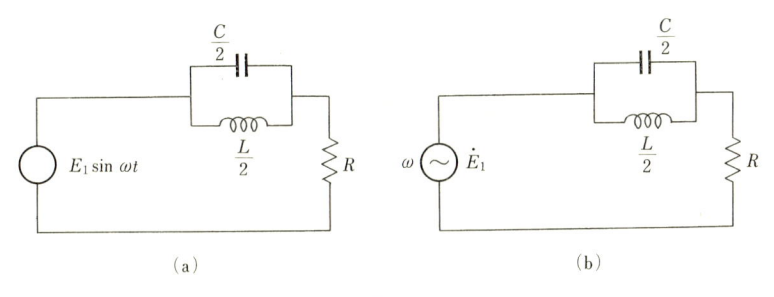

図 28

$i_1(t) = I_m \sin(\omega t + \varphi)$ とすると

$$\tan \varphi = \frac{-2\omega L}{3R}$$

電力 P は

$$P = \frac{R}{2}|\dot{I}|^2 = \frac{RE^2}{2\left(R^2 + \dfrac{4\omega^2 L^2}{9}\right)} \quad [\mathrm{W}]$$

8.12 $\dot{Z}$ で消費する平均電力 P_a は

$$P = \frac{1}{2}(\dot{V}_3 \overset{*}{\dot{I}} + \overset{*}{\dot{V}}_3 \dot{I})$$

$$\dot{V}_3 = \dot{V}_1 - \dot{V}_2, \quad \dot{V}_2 = R\dot{I}$$

を代入すると

$$P_a = \frac{1}{2}\left[(\dot{V}_1 - \dot{V}_2)\frac{\overset{*}{\dot{V}}_2}{R} + (\overset{*}{\dot{V}}_1 - \overset{*}{\dot{V}}_2)\frac{\dot{V}_2}{R}\right]$$

$$= \frac{1}{2R}(\dot{V}_1 \overset{*}{\dot{V}}_2 - \dot{V}_2 \overset{*}{\dot{V}}_2 + \overset{*}{\dot{V}}_1 \dot{V}_2 - \overset{*}{\dot{V}}_2 \dot{V}_2)$$

$$\overset{*}{\dot{V}}_2 \dot{V}_2 = V_2^2$$

$$\overset{*}{\dot{V}}_3 \dot{V}_3 = V_3^2 = (\dot{V}_1 - \dot{V}_2)(\overset{*}{\dot{V}}_1 - \overset{*}{\dot{V}}_2)$$

$$= V_1^2 + V_2^2 - (\dot{V}_1 \overset{*}{\dot{V}}_2 + \overset{*}{\dot{V}}_2 \overset{*}{\dot{V}}_1)$$

より

$$\dot{V}_1 \overset{*}{\dot{V}}_2 + \overset{*}{\dot{V}}_1 \dot{V}_2 = V_1^2 + V_2^2 - V_3^2$$

となり

$$P_a = \frac{1}{2R}(V_1^2 + V_2^2 - V_3^2 - 2V_2^2) = \frac{1}{2R}(V_1^2 - V_2^2 - V_3^2)$$

索　引

＜ア行＞

アドミタンス …………………………………101
インダクタンス ………………………………56
　　──に蓄えられるエネルギー……………58
　　──の接続…………………………………59
インピーダンス ………………………………100
枝 …………………………………………………1
オームの法則 …………………………………7

＜カ行＞

過減衰状態………………………………………86
重ねの理…………………………………………37
カットセット……………………………………2
過渡解……………………………………………66
木…………………………………………………25
木枝電圧…………………………………………26
木枝電流…………………………………………26
共役複素数根……………………………………81
共振回路…………………………………………117
共振角周波数……………………………………119
共振曲線…………………………………………119
共振現象…………………………………………119
キルヒホッフの電圧則…………………………4
キルヒホッフの電流則…………………………2
グラフ…………………………………………1, 25
コンダクタンス……………………………7, 101
コンデンサ………………………………………49
　　──に蓄えられるエネルギー……………53
　　──の接続…………………………………48

＜サ行＞

サセプタンス …………………………………101
実効値……………………………………………112
瞬時電力…………………………………………8
振動減衰状態……………………………………86
正弦波定常状態…………………………………107
接続行列…………………………………………2
節　点……………………………………………1
節点方程式………………………………………27
相反定理…………………………………………43
　　狭い意味の──…………………………44

＜タ行＞

対称三相交流電源 ……………………………107
単位インパルス関数……………………………52
単位ステップ関数………………………………52
直列接続…………………………………………9
抵　抗……………………………………………7
定常解……………………………………………66
定常状態…………………………………………97
テブナンの定理…………………………………40
電圧源……………………………………………15
電　源……………………………………………15
　　──の最大供給電力……………………21
　　──の接続………………………………19
　　──の変換………………………………17
電流源……………………………………………16
電　力……………………………………………8
特　解……………………………………………66
特性根……………………………………………64

特性方程式 …………………………… 64
特別積分 ……………………………… 66

<ナ 行>

任意定数 …………………………… 64, 79
ノートンの定理 ……………………… 40

<ハ 行>

半値幅 ……………………………… 119
フェーザ法 ……………………… 97, 101
並列接続 …………………………… 10
閉 路 ………………………………… 1
閉路行列 ……………………………… 5
閉路方程式 …………………………… 31
ベクトル軌跡 ……………………… 115
補関数 ……………………………… 66
補 木 ………………………………… 25
補木枝電流 …………………………… 26

<マ 行>

網路方程式 …………………………… 29

<ヤ 行>

余関数 ……………………………… 66

<ラ 行>

リアクタンス ……………………… 101
臨界減衰状態 ………………………… 96
レジスタンス ……………………… 101

<英 名>

RC 回路 ……………………………… 63
RL 回路 ……………………………… 63
　——の性質 ………………………… 74
RLC 回路 …………………………… 77
　——の性質 ………………………… 77

<著者紹介>

森　真作（もり　しんさく）

1962年　慶應義塾大学大学院工学研究科博士課程修了
専門分野　電気回路，通信工学
主　著　「電気回路ノート」他
現　在　日本工業大学教授，慶應義塾大学名誉教授．工学博士

series 電気・電子・情報系 ⑧
電気回路

検印廃止

2000年 5 月25日　初版 1 刷発行 2005年11月 5 日　初版 4 刷発行	著　者	森　真作　　Ⓒ 2000	
	発行者	南條　光章	
	発行所	共立出版株式会社	
		〒112-8700 東京都文京区小日向 4 丁目 6 番19号 電話 03-3947-2511　振替 00110-2-57035 URL　http://www.kyoritsu-pub.co.jp/	

印刷：新製版／製本：関山製本
NDC 541.1／Printed in Japan

社団法人
自然科学書協会
会員

ISBN 4-320-08583-3

JCLS ＜㈱日本著作出版権管理システム委託出版物＞
本書の無断複写は著作権法上での例外を除き禁じられています．複写される場合は，そのつど事前に
㈱日本著作出版権管理システム（電話03-3817-5670, FAX 03-3815-8199）の許諾を得てください．

series
電気・電子・情報系

編集委員：田丸啓吉・森　真作・小川　明

近年，大学の電気・電子工学系教育はコンピュータ，通信，制御などの進展および情報系教育との関連などにより再編成されつつある．本シリーズはこれからの新しい技術に対応するカリキュラムを想定した電気・電子系専門基礎を半期単位で学べるテキストである．

❶ システム工学
石川博章 著　システム工学の概要／システム計画と分析／システム設計／動的計画法／ラインバランシング／他‥200頁・定価3045円（税込）

❷ 電気機器
海老原大樹 著　発電機／変圧器／電動機／直流電動機／同期電動機／誘導電動機／ステッピングモータ‥‥‥‥‥260頁・定価3780円（税込）

❸ 集積回路工学
田丸啓吉・野澤 博 著　MOS LSI概観／半導体物性の基礎／MOS構造／MOSトランジスタ／歩留，信頼性／他‥200頁・定価3045円（税込）

❹ マルチメディア情報ネットワーク
―コンピュータネットワークの構成学―
村田正幸 著　マルチメディア情報の通信品質と交換原理／他‥‥‥232頁・定価2940円（税込）

❺ 電波情報工学
近藤倫正 著　電波計測における情報の流れ／情報伝達素子としてのアンテナ／レーダ／航行システム／他‥‥‥‥176頁・定価2730円（税込）

❻ 電気電子材料
塩嵜 忠 著　導電材料／絶縁材料／抵抗材料／半導体材料／圧電・焦電材料／電気光学材料／磁性材料／他‥‥272頁・定価3990円（税込）

❼ 半導体デバイス
松波弘之・吉本昌広 著　半導体の電子構造／半導体における電気伝導／集積回路／受光デバイス／他‥‥‥‥‥224頁・定価3360円（税込）

❽ 電気回路
森　真作 著　キルヒホッフの法則／抵抗／電源／回路方程式／回路における緒定理／正弦波定常状態の解析／他‥168頁・定価2730円（税込）

❾ 電力工学
宅間　董・垣本直人 著　電力利用の歴史と今後の展望／電力系統／発電方式／送電／変電／配電／他・232頁‥‥‥‥‥定価3465円（税込）

続刊項目　★続刊書名は変更される場合がございます

〔基　礎〕
電磁気学／情報理論／電気・電子計測

〔物性・デバイス〕
電子物性／真空電子工学

〔回　路〕
回路理論／電子回路／ディジタル回路

〔通　信〕
通信方式／信号処理

〔システム・情報〕
コンピュータリテラシー／計算機工学／画像工学／計算機ソフトウェア

〔エネルギー・制御〕
制御工学

【各巻】A5判・168〜272頁・上製本
（税込価格．価格は変更される場合がございます．）

共立出版
http://www.kyoritsu-pub.co.jp/